"学会说不"只是我们外在的表现，而真正重要的其实是我们的内在，是内心的坚定果敢。这本书可以帮助我们在面对生活和工作的挑战时内外兼修，从而：

- 更有勇气、更有建设性地表达自己的感受和需求，减少精神内耗，停止拧巴的人生
- 最大限度地获得理想中的人际关系与自己真正向往的工作和生活

——闪燕，《学会说不》导读人，
凯洛格（KeyLogic）合伙人，
《关键对话》金牌导师

让我们与闪燕老师
一起学会成为坚定果敢的人

扫描二维码，
免费获取精彩导读视频和音频

思考力
丛书

How to Be
Assertive
in Any Situation

2nd Edition

学会说不

成为一个
坚定果敢的人

（原书第2版）

［英］苏·哈德菲尔德（Sue Hadfield）吉尔·哈森（Gill Hasson）著
汪幼枫 译

机械工业出版社
CHINA MACHINE PRESS

图书在版编目（CIP）数据

学会说不：成为一个坚定果敢的人：原书第 2 版 /（英）苏·哈德菲尔德（Sue Hadfield），（英）吉尔·哈森（Gill Hasson）著；汪幼枫译 . —北京：机械工业出版社，2023.11

（思考力丛书）

书名原文：How to Be Assertive in Any Situation，2nd Edition

ISBN 978-7-111-73838-1

Ⅰ. ①学…　Ⅱ. ①苏…②吉…③汪…　Ⅲ. ①成功心理　Ⅳ. ① B848.4

中国国家版本馆 CIP 数据核字（2023）第 171315 号

机械工业出版社（北京市百万庄大街 22 号　邮政编码 100037）
策划编辑：欧阳智　　　　　责任编辑：欧阳智
责任校对：韩佳欣　王　延　责任印制：单爱军
北京联兴盛业印刷股份有限公司印刷
2023 年 11 月第 1 版第 1 次印刷
130mm×185mm·8.75 印张·2 插页·166 千字
标准书号：ISBN 978-7-111-73838-1
定价：79.00 元

电话服务　　　　　　　　　网络服务
客服电话：010-88361066　机　工　官　网：www.cmpbook.com
　　　　　010-88379833　机　工　官　博：weibo.com/cmp1952
　　　　　010-68326294　金　书　网：www.golden-book.com
封底无防伪标均为盗版　机工教育服务网：www.cmpedu.com

[致 谢]
ACKNOWLEDGEMENTS

我们要感谢我们的家人、朋友、学生和同事，感谢他们的兴趣和热忱，并感谢他们允许我们将他们的故事用于案例研究。我们要特别感谢所有那些将本书中描述的方法付诸实践，并告诉我们他们的生活和人际关系发生了怎样改变的学生。

非常感谢萨姆·杰克逊、梅拉妮·卡特、露西·卡特、埃洛伊塞·库克对我们的关心、鼓励和指导。

当我们撰写《学会说不：成为一个坚定果敢的人》的第 1 版时，我们的目的是为那些不能来上我们课的学生写一本关于坚定果敢的实用性图书。第 1 版向我们证明，读者对这一问题的兴趣是普遍存在的。自 2010 年 9 月首次出版以来，《学会说不：成为一个坚定果敢的人》已经被翻译成 15 种语言。一个值得思考的有趣现象是，尽管印度、德国、中国、挪威和俄罗斯等国家与英国存在着文化差异，但是我们都怀有共同的渴望，那就是拥有一个不受恐惧和焦虑控制的、充实的人生。

我们发现，人们有时对"坚定果敢"一词的含义感到困惑。其实，坚定果敢不仅意味着捍卫自己的权利，还意味着充分考虑他人的感受，并经常鼓励他人也要表现得坚定果敢。一个坚定果敢型的人依然是善良体贴的。

当你变得坚定果敢时，你的个性并不会改变，你只是变得更像你一直想要成为的那种人而已。

当你变得坚定果敢时，你的生活会更加轻松，因为你会停止担忧——你知道你可以在事情发生时及时做出处理。你不会再因为忧惧说"不"可能导致的后果而违心地说"是"，你将成为更真实的自己。能够表达自己的观点而不去担心他人是否会不喜欢你说的话，这意味着你会感到更加自信和快乐。一个自信、冷静，能表现得坚定果敢的人也是善良而体贴的。

自第 1 版成功发行以来，我们收到了许多来自书迷的电子邮件，他们提出了一些他们认为很难处理的情况，并就此提出了有用的建议。我们采纳了这些观点，并补充了阐述个人价值准则重要性的内容，即当你回应他人的方式和你做出的决定符合你的价值准则时，你更容易表现得坚定果敢。此外，我们还增加了一个新章节，介绍如何在会议上表现得坚定果敢。

很多人希望我们针对各种困难情况有的放矢地提供具体的帮助，在本书中，我们回应了他们的请求，并且推出了两个新章节。第一个新章节"如何帮助他人表现得坚定果敢"，介绍了如何帮助他人在**你**和**其他人**面前表现得更加坚定果敢。该章解释了你该如何帮助他们在**其**

他人面前用诚实、开放、直截了当的方式表达他们的感受，以及他们想要什么和不想要什么。

第二个新章节"如何与难相处的人打交道"，介绍了你该如何有效地与那些似乎不符合书中讨论过的任何常见样例的人打交道。例如，那种让你感到疲惫不堪的消极的人、那种精神依赖性强到让你发疯的人，以及那种一连好几天与你生闷气的人。

每当你面临潜在的对抗或困难局面时，不妨问问自己想得到什么样的结果。如果你的回答是"我希望他们意识到……"，或者"我希望他们理解……"，甚至"我希望他们改变……"，那么你成功的概率就不太大。变得坚定果敢的第一课就是，你无法改变另一个人，或是让他们说你希望他们说的话，或是让他们成为你想让他们成为的人。你能改变的只有自己的反应，以及你对他们的反应方式。

我曾想改变世界，但我发现一个人唯一有把握改变的就是他自己。

——奥尔德斯·赫胥黎

许多重大的社会和政治变革都是从一个人决定坚持自己的主张开始的。

纵观历史，男性和女性都曾挺身而出表达他们愿意或不愿意接受什么，以及他们希望自己和他人受到怎样的对待。他们没有因害怕冲突而保持沉默，并准备好承担行动的后果。

1955年12月1日，在亚拉巴马州的一辆公共汽车上，42岁的罗莎·帕克斯决定坐在一个专为白人保留的座位上。她拒绝了司机让她给一个白人乘客让座的要求。她的行动（此前15岁的克劳德特·科尔文也曾这么做过）引发了蒙哥马利巴士抵制运动，结束了美国南部各州在公共汽车上实行的白人和黑人之间的种族隔离规定。

1976年8月，33岁的贝蒂·威廉斯在贝尔法斯特的一个住宅区目睹了三名儿童的死亡，于是，她与孩子们的姑姑梅雷亚德·马奎尔一起发动了一场和平运动。这两位女性成立了"和平人民组织"（Peace People Organisation），这是一场由天主教徒和新教徒发起的运动，旨在结束北爱尔兰的教派暴力。威廉斯和马奎尔是 1976 年诺贝尔和平奖的共同获得者。

像这样的女性，以及像纳尔逊·曼德拉和甘地这样的男性，他们只是秉持坚定果敢的交流和行为原则的几个例子。为了捍卫自己和他人的权利，他们都挺身而出。

他们可能并不总是对成功充满信心，而且可能常常对结果感到焦虑，但这并没有阻止他们采取行动。他们最终得以通过坚定果断的行为改变世界。

这个你也能做到！你可能不想改变**整个**世界，但你可以改变**你的**世界。

如果你变得更加坚定果敢，这对你将意味着什么？

你将能够建设性地表达你的感受，开诚布公地告诉他人你想要什么和不想要什么。如果你更加坚定果敢，你将能够最大限度地获得你理想中的人际关系、工作、朋友和生活。你会更有信心，不再那么沮丧和焦虑。你将能够帮助其他人坚持他们的主张。

在我们作为个人和职业发展教师的工作中，我们看到许多人因缺乏自信及坚定果断地与他人打交道的能力而无法取得进步,其严重程度令我们深感震惊。所以我们写了这本书来帮助他们,还有正在读这本书的你。

这本书能如何帮助大家?很简单,它能帮助你清楚地理解什么是坚定果敢、如何做到坚定果敢,以及如何帮助你身边的人和你一同表现得坚定果敢。第一部分包含 4 章内容,在这里展开谈一谈。在第 1 章中,我们首先会探讨什么是坚定果敢,什么不是坚定果敢。而且,具有不同行为方式的人都会表现出一定的优缺点。没有人会一直坚定果敢或不坚定果敢,后面我们会解释原因,以及什么时候容易做到坚定果敢,什么时候难以做到。这一章中的小测试将帮助你确定在哪些情况和境遇下你会更加坚定果敢。你将发现你的自尊感、期望、价值准则和拥有的权利都深深影响着你的坚定果敢力。

在你采取增强坚定果敢力的初级步骤之前,你将在第 2 章中了解到,改变自己的行为和交流方式只是整个过程中的一个环节而已,这个过程包括一系列步骤。这些步骤中最重要的环节之一是明确而具体地确定你在行为和交流的哪些方面需要做出改变,从而表现得更加坚定果敢。当你完成了第 1 章末尾的小测试后,你就会对这些方面有很清楚的认识了。

重要的是要知道，与任何改变一样，这个过程中也会出现高潮和低谷。

然而，如果你想改变自身行为来变得更为坚定果敢，你就决不能让挫折破坏你的信心和决心。如果你能确定自己的技能和优势，并且在生活中找到愿意支持你提升坚定果敢力的那些心态积极者，那么你会更有信心让自己变得坚定果敢。

当然，肢体语言会对你的坚定果敢力产生影响，但你也会发现，给予和接受赞美的能力对于培养积极的态度有很大帮助。

读完第2章，你已经知道什么是坚定果敢，什么不是坚定果敢，而且你也会认识到自己可以在行为和交流的哪些方面变得更为坚定果敢，以及理解站在有利位置上采取行动的重要性。但是，在你采取行动之前，你需要做两件重要的事情：第一，你需要选择做坚定果敢型的人；第二，你需要知道如何做坚定果敢型的人。第3章将向你展示如何做到这些：你将学会如何告诉他人你想要什么和不想要什么。

这包括以下方面。首先，确定你自己的感受并采取清晰直接的表达方式。其次，倾听和接受他人的观点，但同时也要维护自己的权利。再次，知道什么时候该坚持自己的立场，什么时候该进行妥协和谈判。最后，你将了解承担责任，以及不为自己的互动结果不理想而责备他人的重要性。

第 4 章的重点主要放在你对他人的反应上，比如，当你想提出批评或不得不接受批评时，怎样才能表现得坚定果敢。你将明白为什么你会对批评做出糟糕的反应，而我们也将讨论如何坚定果敢地应对批评。我们将研究某些人霸凌他人的缘由，并提出应对家庭及职场霸凌的有效方法。

在学习新技能时要对自己有耐心。想让自己变得更加坚定果敢，你就得投入时间、怀有真实的意愿，并拿出勇气。

你可能很难想象自己如何才能做到坚定果敢。为了帮助你，在本书的第二部分中，我们将讨论让人觉得很难表现得坚定果敢的场景（通常是在工作中或与朋友和家人一起时）。你还将学会如何在面试中以及在购买产品和服务时表现得坚定果敢。

其中，第 13 章是关于决策的。在生活中做出正确决策的能力是学习坚定果敢的重要组成部分。这一章探讨了为什么有时你会陷入犹豫不决的状态，并分析了人们为避免做决策而经常犯的错误。关于决策过程，书中给出了明确的指导，通过遵循六个富有逻辑的步骤，你将成为一个更为坚定果断的人。

本书针对每一章都提供了关于坚定果敢的示范性短语和行动供你尝试。另外，你还可以在附录中看到一些很有用的坚定果敢的回应方式。

坚持自己的主张并不一定能确保你感到快乐，确保你被他人公平地对待，确保你的问题得到解决，或者确保你总能得到你想要的。但是有一点**绝对**是肯定的，那就是坚持自己的主张能够帮助你增加好事发生的概率。

[目 录]
CONTENTS

第二部分　付诸实践

PART 1

第一部分

理解坚定果敢

行动并非源自思想，而是源自承担责任的意愿。

——迪特里希·朋霍费尔

在第一部分中，我们将探讨坚定果敢意味着什么，以及我们还有什么其他选项。你将了解到为什么你会觉得当一个坚定果敢型的人很困难，以及你该如何帮助自己更轻松地成为一个坚定果敢型的人。你会发现，改变自己的行为并在所有情况下表现得坚定果敢并非你唯一的出路。相反，我们的重点在于"选择"是否要表现得坚定果敢。

你必须先学会如何做到坚定果敢，然后你才能确信自己正在做出选择，而不是由于畏惧而逃避对抗。一旦你成了一个坚定果敢型的人，你就不必一直刻意表现得坚定果敢了。相反，你可以采取其他行事方式，只要你认为合适，并且准备好承担责任。本书第 1 章将解释如何才能做到这些。

CHAPTER 1

1

第 1 章

坚定果敢意味着什么

我们要征服的不是巍巍高山，而是我们自己。

——埃德蒙·希拉里

坚定果敢意味着什么，以及我们还有什么其他选项

"扛着一根大棒高声吆喝。"当我问一位朋友如何才能表现得坚定果敢时，他如是回答。

然而，"坚定果敢"的本质并非抬高嗓门儿威胁他人，亦非一贯的我行我素，不然就变成"攻击"了。而保持安静、迁就他人的愿望也并不总是最佳行为方式，这叫作"被动"。通过操纵他人来避免为满足自身的需求而承担责任，这也不是一种公平磊落的行为方式，而是"被动攻击"。坚定果敢是一种截然不同的、满足自身需求的行为方式，其关键在于以一种自信而直接的方式让他人知道你想要什么、不想要什么。

"坚定果敢的关键在于以一种自信而直接的方式让他人知道你想要什么、不想要什么。"

我们可以将具有不同行为方式的人划分为四种类型：坚定果敢型、攻击型、被动型和被动攻击型（见表 1-1）。不管

是被动型的人还是攻击型的人，他们与他人相处时有一个共同点，即世界上似乎只有一个人是最重要的，那就是他们自己。与之形成对照的是，坚定果敢型的人则在意每个人都能得到公平的待遇。

表 1-1　四种不同类型的人

	坚定果敢型	攻击型	被动型	被动攻击型
态度	我挺好，你也挺好 灵活，开放 乐观 自信 果断，积极 警觉，热情，友善 乐于支持他人，肯做事情 有安全感 懂得感激他人	我挺好，你不行 顽固死板 狭隘 好斗 充满敌意 充满偏见 喜欢指责他人 不合作 不懂得感激他人	我不行，你挺好 认命 悲观 胆小 自我贬损 逆来顺受 会抚慰他人 焦虑 紧张	我不行，所以你也不行 被动 顽固 闷闷不乐 多疑，无礼 悲观 喜欢指责他人 容易被得罪 善妒 怨恨
行为	富有建设性 能解决问题 专注于解决方案 协商 合作，倾听 兴趣盎然 包容 能够给予并接受表扬和批评	具有破坏性 以自我为中心，自私自利 排斥他人 暴躁 跋扈 喜欢攻击他人 麻木不仁 苛刻	顺从 俯首帖耳 无助 没有明确目标 没有条理	具有破坏性 喜欢操纵 以自我为中心 自私 喜欢指责他人 间接行事 暗中破坏 故意降低效率 拖延 "忘记"义务 逃避责任 制造借口和撒谎

（续）

	坚定果敢型	攻击型	被动型	被动攻击型
声音	冷静，平稳，起伏不大 充满鼓励 真诚	响亮 强硬 辱骂 嘲讽 挖苦 挑剔	安静 含混不清 单调 絮絮叨叨	不屑一顾 挑剔 挖苦 牢骚 抱怨
言辞	好吗？ 你怎么看？ 我需要 我希望 谢谢	住手 不要 不行 不能 **现在**就去做 滚 都怪你 你总是……	对不起 我说了不算 这是我的问题 其实这不重要 我不知道 我不介意 由你决定	话说我做错什么了？ 这不公平 这绝对行不通 做不到 我还没做呢
肢体语言	沉着、开放的姿态 抬头 目光接触 微笑	犀利、尖锐的姿态 侵犯他人空间 盯着他人看 皱眉	缩身 驼背 不断摆弄小东西	避免目光接触 皱眉 假笑 不断摆弄小东西

尽管你可以把坚定果敢看成位于被动和攻击之间的某种态度，三者是程度不同的连续统一体，但是坚定果敢型的人必须清楚不同类型的人及其行为和交流方式之间的边界。

- 坚定果敢型：与他人交流时自信、直接。

- 攻击型：傲慢自大、态度强硬、一意孤行。

- 被动型：使自己的需求和愿望让位于他人的需求和愿望。

- 被动攻击型：间接且操纵性的交流和行为。

○ 坚定果敢型

坚定果敢意味着诚实而恰当地表达你的感受、观点和需求。如果你是个坚定果敢型的人，你就能够让他人知道你想要什么、不想要什么。这意味着你得冷静地陈述你的需求，你会接受什么或不会接受什么，以及你希望他人怎样对待你。

你能够选择是否告诉他人你的想法、感受和观点。在应对他人的批评时，你能够不流眼泪也不发脾气。你不会因害怕冲突而保持沉默，并准备好承担说出自己感受和需求的后果。

坚定果敢意味着你觉得自己没必要去证明任何事情，但也不认为自己必须容忍他人欺凌自己。你会为自己设定边界，并觉得有权保护自己不受剥削、攻击和敌视。

如果你很坚定果敢，你会对他人的观点持开放态度——即使他们可能和你观点不同。你不会试图支配他人，也不会让自己陷入低迷状态。

你有做决定的自信心，并且会对自己的言行负责。当事情没有按照你的计划发展时，你不会责怪他人。你能够接受他人的批评和表扬，也能够对他人做出批评和表扬。

你觉得这个世界挺好，并且你和他人同等重要。你知道你拥有权利，而其他人也一样。

○ 攻击型

攻击型的人也会表达自己的感受、观点和需求，但往往采取威胁、藐视或控制他人的方式。

如果你是一个攻击型的人，你可能会觉得你必须证明一些事情，以强行向他人灌输你的观点。如果你觉得自己受到了恶劣的对待，你的反应将会充满愤怒和敌意。

攻击型的人在交流时往往表现为态度粗鲁、讽刺挖苦和苛责他人，而不是诚实和直接。

攻击是一种非赢即输的局面。你赢了，他人就可能输。这是一个单向的过程——你会说出你想要什么、不想要什么，但是你会拒绝倾听或考虑他人的需要和感受。如果你是个攻击型的人，你会喋喋不休并打断他人。攻击的本质是支配和侵略，它从根本上说是对他人个人边界的不尊重。

基于某一人的攻击而形成的关系通常会恶化，除非攻击者愿意改变自己或被攻击者愿意变得更加坚定果敢。

攻击型的人觉得这个世界充满了艰难险阻，他们必须努力杀出一条血路。

○ 被动型

被动的行为和交流意味着一个人不表达自己的想法、感受和需要。

被动意味着让他人支配你，告诉你该做什么、不该做什么。你很容易被他人操纵，让对方的需求凌驾于你的需求之上。你不会说出你想要什么、不想要什么，也不会说出你的想法。你觉得很难挺身而出，说出什么是对的、什么是错的，或者你希望他人怎样对待你。即使你不同意别人的意见，你也经常附和对方。

如果你是个被动型的人，你会避免任何形式的摩擦。你可能害怕他人的反应，所以一直保持安静、和蔼可亲。

你对他人的附和经常被曲解。一方面，这让他人无法确定你的感受，于是干脆忽视你或无视你。另一方面，这会导致他人利用你。你经常会发现他人将一堆你根本不想做的事情扔给你去做。

他人很容易不尊重你。你经常犹豫不决，让他人去做出选择并完成工作。这是一个非赢即输的局面——对方赢，你输。你觉得自己没有任何权利——当事情不顺你心时，你常常会责怪自己。

如果有人对你态度恶劣或不公平，你会把委屈的感觉深埋在心底。

被动的行为会让你对人际关系感到失望，觉得无法掌控自己的生活。

你觉得这个世界是艰难而可怕的。他人的需求和观点比你自己的更重要。

○ 被动攻击型

被动攻击的交流指以间接和不诚实的方式表达自己的感受、观点和需求，它采取一种回避的行为模式——避免说出自己真正想要什么、不想要什么。

如果你是一个被动攻击型的人，你会操纵他人来达到自己的目的。你会控制局势和他人，但不会表现出来。通常情况下，你不会直接说出你不想要什么，但会对他人的需求和期望进行消极抵制，不予满足。

你会拖延，会为拖延找借口，或者"忘记"他人让你做的事。你甚至可能会制造出一种混乱感，这样其他人就会主动提出替你采取行动。

你经常压抑自己的愤怒和沮丧，并用某种非语言的方式来表达这些感觉——例如，当你对他人感到不满时，你会表现出"不理不睬"或"脸色难看"。不过，这么做并不能让他人了解到你的真实感受。

你也可能习惯于使用讽刺挖苦和其他微妙的手段来避免正面对抗，或者避免去执行某些任务。

你经常采取故意阻挠和不合作的态度，你会逃避做你分内工作所需承担的责任，并操纵他人为你做决定和做其他事情。

如果你能找到责怪他人的办法，那么你就可以让对方为你本人的感受和情绪承担责任，但事实上，这些感觉都是由你自己的行为造成的。你输了，对方也输了——两个人都痛苦。

你善于设计各种吸引他人注意的方法。例如，你很少准时出席会议或聚会。你希望让他人等你，以凸显你的重要性。

你觉得这个世界是不公平的，你决意逃避责任，并为此责怪他人。

○ 什么时候可以采取攻击或被动的姿态

既然坚定果敢是最有效、最积极的行为和交流方式，那么我们又为什么会以其他无效而消极的方式行事呢？说到底，这是源自人类的或战或逃反应。原始人进化出这种反应是为了在威胁到自家生命的动物及其他人面前保护自己。

"我们为什么会以其他无效而消极的方式行事呢？"

"战"表现为用身体直面威胁，而"逃"则表现为撤退。

如今，我们仍然保持着或战或逃的本能反应，但我们不是在生死攸关的局面下选择战斗或逃跑，而是在每一种反应类别下都包含了更为广泛的行为。战斗反应表现为典型的攻击行为：自私、颐指气使、愤怒、大声喧哗。逃跑反应则体现在被动行为中，比如向占据支配地位的人屈服，显得胆怯和安静、焦虑或认命。

在现代社会，我们不太可能遇到许多危险的动物或劫掠入侵者，但是，当我们真的面临威胁到生命的危险时，或战或逃反应仍然是很宝贵的。

或战或逃反应一旦被激活，就会引起肾上腺素等应激激素激增，让它们在我们的体内奔涌。这种激增会产生一种力量，让一个人能够穿越着火房屋的熊熊火焰去拯救被困的孩子；或是如果入侵者正在洗劫这个人的屋子，这种激素可以让他保持低调和安静。

　　不过，如今人们遇到的威胁往往是来自不合作的老板、粗鲁的店员、充满敌意的青春期子女或挑剔的同伴。他们都能激发像遭遇熊、老虎和敌方打劫者时的或战或逃反应。当老板激怒你时，尽管你可能很想给他一记耳光，但是你知道，这么做会事与愿违。而从他面前逃走也会产生适得其反的效果！

　　然而，在特定情况下，采取被动或攻击的姿态也有其优势。愤怒是一种非常强大和有用的情绪。生气没有什么不对的——重要的是你表达它的方式和时机。保持沉默、服从他人的需要和要求也没有什么错——只要这么做符合情势的需要，而且你并不会一直这么做。

　　正如你所看到的，具有不同行为方式的人都会表现出一定的优缺点，这就是为什么在潜意识中你会采用一种方式而不是另一种方式来行事和交流（表 1-2）。

表 1-2　具有不同行为方式的人的优缺点

	坚定果敢型	攻击型	被动型	被动攻击型
优点	他人尊敬你 你比较清楚自己想要什么、不想要什么 你的需求更可能得到满足 你会考虑他人的需求	他人害怕你 你引人注意 你可以为所欲为	他人喜欢你并认为你容易相处 你不必做决定 他人同情你 你不必担负责任	你可以操纵局面以得到你想要或需要的 你引人注意 你可以为所欲为 你不必担负责任

（续）

	坚定果敢型	攻击型	被动型	被动攻击型
缺点	他人可能嫉妒或憎恶你 他人可能把你的坚定和决心视为攻击 得到你想要或不想要的东西并无保障	他人害怕并躲避你 他人憎恨并讨厌你 他人可能以牙还牙 你可能产生内疚感，对自己感到失望	他人会骑在你头上 你毫无控制权 你遭到排挤或利用 你的需求得不到满足	你让他人感到困惑和懊恼 他人可能憎恨并讨厌你 他人会躲避你

与非坚定果敢型的人不同的是，当一个坚定果敢型的人采取攻击或被动的姿态时，他会为选择了攻击或被动的行为或交流方式承担责任。例如，当一个通常表现得坚定果敢的人选择发起攻击时，他会承认："是的，我很生气。"当他人试图支配自己时，坚定果敢型的人会采取任何必要的手段捍卫自己，包括使用武力。坚定果敢型的人会将攻击用于自我防御，而非主动冒犯他人。

坚定果敢型的人也可能选择被动回应，并且承认："我不会对此做出反应或采取任何行动。"他们可能不喜欢被人支配，但他们会认为这是眼下最好的选择，因为这可以避免可能出现的暴力或某种形式的胁迫。

与之形成对照，攻击型的人不会为自己的行动负责，他们会说是他人招惹他们的；被动型的人会说他们是被他人逼着做某件事的；被动攻击型的人则会在这两种回答中任选一种加以利用。

为什么你很难让自己变得更坚定果敢

你可能很难让自己变得坚定果敢，原因是多方面的。你的大多数行为和交流方式都是在你很小的时候建立起来的。你的成长方式、你过去和现在的人际关系，以及你过去的损失和失望都可能让你觉得无法掌控自己的人生。

性别也会造成影响。我们的文化倾向于接受男性的攻击行为和女性的被动行为。因此，当男人无法说出自己想要什么和不想要什么，以及自己的感受和观点时，他们可以用攻击的方式来进行自我表达；而当女人不愿说出自己的需求和观点时，她们则会用被动的方式进行自我表达。

让我们来研究一下你为什么会采取某种特定的行为方式。

○ 攻击行为：你为什么会这样做

攻击行为往往是短期或长期被忽视、误解、欺骗或欺凌的结果。你可能只会在特定情况下表现得咄咄逼人，比如在饮酒之后，或者当你觉得自己受到了打击或嘲笑时，或者当你感到不耐烦、愤怒或非常不安时。

具有攻击性的回应模式可能是一种习得行为——你可能

从小就被教会，用攻击的方式去获得你想要的东西和拒绝你不想要的东西是正常的、可以接受的。

○ 被动行为：你为什么会这样做

如果你的父母、老师、兄弟姐妹或朋友喜欢支配和控制他人，那么你在孩提时代可能会觉得自己像个废物，以至于到现在你都不敢开口说话。如果你小时候被教导应该让着他人，那么你现在可能会觉得开口要求自己想要的东西是不好的。有一次，我在面包店里听到两个兴奋的孩子让他们的祖母给他们各买一块蛋糕。"忘了我是怎么跟你们说的？"祖母问道，"谁开口要，谁就得不到！"她有没有搞错？！

可以理解的是，如果他人阻止你去要求得到你想要的东西，而你又害怕让他人不高兴、害怕他人不喜欢你，那么你就会避免提出自己的主张。你会认为如果你不按照他人的意愿行事，他人就会伤心、生气或失望。

你会认为你没有权利陈述自己的需求和观点。通常情况下，如果你觉得很难做出决定，如果你不知道在任何一个特定的情况下你到底想要什么，你就会附和观点更为明确的其他人。

这种类型的信念和行为可能根深蒂固。关于习得性无助（learned helplessness）的理论认为，在过往经历带来的负面影响下，被动型的人"学会"变得无助和听天由命，并（正

确地或错误地）认为他们无法控制当前和未来的事件，因此
他们甚至都不愿意尝试去改变情况。

相反，坚定果敢型的人则拥有更为积极的人生观：他们
相信自己能够积极地影响局势。

当然了，这种总是预期会出现可能的最佳结果的倾向就
是乐观主义。乐观主义让你觉得在掌控自己的人生，并且相
信自己能做些什么来管理自己的感觉和应对一切。

即使你的信念和态度可能是习得的，但是你的人生观并
不是一成不变的。你的信念和态度并不是恒定的——你可以
学会以一种更积极、更坚定果敢的方式思考和行事，本书将
向你证明这一点。

"即使你的信念和态度可能是习得的，但是你的人生
观并不是一成不变的。"

○ 被动攻击行为：你为什么会这样做

你可能会以消极的方式表达你对他人的敌意和怨恨，因
为你被教会表达自己的需求、观点和感受是不可接受的、粗
鲁的或自私的。

如果在你的成长过程中，任何对愤怒、沮丧或失望的表
达都会被阻止，甚至遭到惩罚，那么你就将学会寻找比较不
易被人察觉的方式来满足你的需求和表达你的感觉，而这些
方式不会直接危及你的人际关系。

如果你表现出了被动攻击行为，可能是因为你缺乏自信

去要、去做，或者去说你真正想要、想做、想说的。被动型的人仅仅是把自己的命运交给他人去决定。相比之下，如果你是被动攻击型的人，那么你根本不乐意任凭他人摆布，但你又不愿意开口坚持自己的主张。所以，你会让他人负责，同时采取间接操纵他人和蓄意妨碍等方式，以促成你想要的结果或破坏你不想要的结果。

某些情况可能会引发被动攻击行为：当你认为你的能力或表现会受到他人的评判时，当你必须与权威人物（父母、你的经理、老师和占主导地位的朋友）打交道时，这种场合往往会间接激发愤怒行为。

当你采取被动攻击行为时，尽管你知道你不能公然表达自己的感受，但你很可能甚至都没有意识到你的行为是如此具有操纵性。

○ 为什么很难做到坚定果敢

这里有一些可能会让你感到难以做到坚定果敢的原因：

- 对方让你感到困惑或害怕。
- 对方可能变得愤怒或烦躁不安。
- 你不确定自己有什么权利。
- 你犹豫不决。
- 你没有从对方那里得到任何回应。
- 你失去了控制。
- 你感到疲倦或压力重重。

- 你缺乏自信心或缺少安全感。
- 你想不出任何其他方式来应对眼前的情况——你不知道如何才能表现得坚定果敢。

有哪些原因可能导致你无法做到坚定果敢？

○ 自尊感和自信心的作用

你是否能做到坚定果敢与你的自尊感及自信心息息相关。这是为什么呢？

假设你接受了如下观点，即要成为坚定果敢型的人，你就必须诚实而坦率地表达自己的感受、观点和需求。你也明白，如果你想变得坚定果敢，你就得让他人知道你想要什么、不想要什么。

听上去很简单，对吧？其实不然。为什么？因为要成为坚定果敢型的人，你需要有自尊感和自信心。

所谓自信心，就是相信自己有能力去做某事。唯有充满自信心的人才能说出自己想要什么或不想要什么。唯有充满自信心的人才能告诉他人自己的想法，以及希望他人如何对待自己。你必须坚信自己有能力应对由坚持自己主张所产生的后果。唯有充满自信心的人才能做出决策，并对自己的言行负起责任。

较高的自尊感意味着你对自己的自我价值和能力充满积极的感觉。

如果你没有坚持自己主张的习惯，你会发现自己陷入了一种"第二十二条军规"⊖或双重束缚的境地，即一种不作为会影响到另一种不作为。你会被两个看似矛盾的要求困住。

例如，因为不想让朋友觉得你过于敏感，所以不告诉她你被她的话冒犯了，这不仅会让你因她而感到懊恼，而且会让你因为没有表达出自己的感受而自我感觉很糟糕。你甚至可能对自己说，如果你的朋友重视你，她就不会那样跟你说话。这会让你更加怀疑自己和自己的能力，从而削弱你的自信心，减少你坚持自己主张的机会。

结果呢？你将受伤的感觉埋在心里，而它们会以另一种方式表现出来——要么是你用被动攻击行为破坏你们之间的友谊，要么是几个月之后，你搬出所有在过去感受到的不公平待遇，并挑起一场大争吵。

坚定果敢型的人是否会对表达自己的需求和愿望感到焦虑？当然会，但他们和非坚定果敢型的人的区别在于，他们会采取行动并对结果负责。他们不会去关注自己感受到了多少恐惧和焦虑，而是**尽管**心怀恐惧、担忧，也依然会去应对他人和各种情况。他们能够认识到，他们必须从某个地方着手去做！

○ 不同类型的人和情况的影响力

不同类型的人和特定的情况会影响你的坚定果敢力。如

⊖ 出自美国作家约瑟夫·海勒的长篇小说《第二十二条军规》，常被用来形容悖论式的困境。——译者注

果对方是攻击型的；如果他们打击了你的自信心或吓到了你；如果你担心一旦他们变得愤怒或沮丧，你将无法应对他们的反应，那么你就很难坚持自己的主张。

如果对方是被动型的，如果他们消极、焦虑、充满不安全感、局促不安、心不在焉，那么你就很难表现得坚定果敢。

如果对方是被动攻击型的，如果他们很容易感到被冒犯、让你感到无所适从、无视你或喜欢生闷气，那么你就很难表现得坚定果敢。

相反，如果对方是坚定果敢型的，他们会尊重你、支持你、倾听你的意见，这时你要表现得坚定果敢就会容易许多。

诚然，他人和某些情况会影响你的坚定果敢力，但是在通常情况下，你对他人的期望才会妨碍你成为一个坚定果敢型的人。

○ 期望、价值准则和权利

扪心自问：你对他人的期望合理吗？你可能需要做出调整。

通常，我们相信他人对我们做出的行为是有对错之分的。我们期望从一段关系中获得的东西可能超出了它所能带来的。另外，当他人没有达到我们的期望时，我们会感到失望、沮丧和怨恨。在大多数时候，我们完全意识不到我们自己的期望会导致各种沟通失败、误会、冲突和不信任。

一方面，如果你（有意识或无意识地）怀有过高的期望，那么你就会让自己很容易对自己和他人感到失望、沮丧和愤怒。另一方面，如果你对自己、对生活或对他人的期望太低，那么你就很难进行自我表达，或者参与、完成任何事情。

比如说，你期望你的朋友忠诚、诚实、值得信赖。如果这些期望落空了，那么你可能会感到生气或沮丧。然后，你可能会将这些感觉内化，并采取被动或被动攻击行为。或者，你也可能将这些感觉外化，以坚定果敢或攻击的方式行事。

如果你在童年没有得到很多的关爱、指导和支持，那么现在的你可能就不会期望他人考虑你的需求。

如果他人对你期望过高，那么你可能喜欢进行自我批评。你喜欢进行自我批评的这部分性格源自你童年的经历，它或许反映了你的父母和其他成年人对你的期望和要求。通常，你不会认识到他们的期望和要求是不现实的，而是会将父母和老师对你的那种批评态度投射到其他人身上。

你可能会发现自己花了大量时间和精力试图改变他人，让他们符合你认为他们应该向你展现的形象。做出符合实际的期望意味着你要对自己的人生负责，而不是指望他人满足你的需求。一旦你意识到哪些期望是不切实际的，你就可以采取措施，让自己不再受这些期望支配。

更棒的是，一旦你的行为和交流方式变得更加坚定果敢，他人也就更可能用你所期望的方式对待你——尊重！

人在什么情况下更容易做到坚定果敢

我们已经讨论了一些阻碍人们表现得坚定果敢的元素。那么，人在什么情况下更容易做到坚定果敢呢？

人在面对以下情况时更容易做到坚定果敢：

- 你觉得很自信。
- 你很重视自己。
- 你的期望符合实际。
- 你得到了他人的支持。
- 你拥有完善的信息。
- 你了解自己的价值准则。
- 其他人愿意倾听你并尊重你。
- 你知道你拥有各种权利。

○ 价值准则和权利

这些是我的原则，如果你不喜欢的话，我还有其他原则。

——格劳乔·马克斯

如果你了解自己拥有什么权利，你就更容易做到坚定果敢。假设你从一家商店买了一台烤面包机，可当你回到家时，却发现它不能用，你知道你拥有获得退款的法定权利。

　　然而，个人权利不同于法定权利。法定权利是由政府规定的，而决定个人权利的却是……你。只有你才能决定你拥有什么个人权利。你的权利与你的价值准则有关，它代表了生活中对你来说很重要、对你而言具有某种价值的事物。

你认为什么最重要，以及你最重视什么

　　当你所做的事情和你的回应方式符合你的价值准则时，你会很有信心地认为自己正在做和说正确的事情。但是，当你的言行与你的价值准则不一致时，你就会觉得事情不对劲。

　　这就是为什么努力确定自己的价值准则是一件很重要的事情。

　　当你知道自己的价值准则是什么，并且以符合自己价值准则的方式回应他人与做出决定时，生活会变得轻松很多。

　　如果你很重视家庭生活，但你的上司却经常要求你每周工作 60 小时，你会表明立场、断然拒绝吗？如果你并不看重竞争，但是，比方说，你在一种竞争激烈的营销环境中工作，那么你会在工作中感觉到自信和快乐吗？

　　在诸如此类的情况下，了解自己的价值准则大有裨益。一旦你了解自己的价值准则了，你就可以利用它们来审时度势，并决定是妥协、谈判，还是坚持自己的立场。

所以，花点儿时间去了解与揣摩生活中的优先事项，你就能为自己确定最佳方向。

你可以使用下面这些常见的个人价值准则来帮助自己启动这一步骤：

- 责任心
- 准确性
- 归属感
- 献身精神
- 表里如一
- 同情心
- 保密性
- 可依赖性
- 平等
- 慷慨
- 包容
- 独立性
- 忠诚
- 爱国主义
- 耐心
- 自尊
- 守时
- 可靠性

- 自控能力
- 支持力
- 透明度
- 真相

你可能会发现，虽然有一些价值准则对你来说意义不大或毫无意义，但是另一些价值准则却会攫住你的视线，你会觉得："没错，这条价值准则对我而言很重要。"这些价值准则只是用来助你启动的示例，你可以任意添加。

这些价值准则是否代表了你会支持的东西，哪怕你的选择不受欢迎，并且会让你成为少数派？

一旦你在决策中将自己的价值准则纳入考虑范围，你就必然能保持自己的正直感、牢记自己心目中正确的事物，并且以自信而清醒的方式进行决策。你也会知道你所做的事情就目前的情况而言是最佳选择。基于价值准则做出选择可能并不总是那么轻松，然而从长远来看，做出一个你知道自己打心眼儿里认同的选择要比做其他选择容易得多。

你的价值准则是成为你，以及你想成为的那类人的核心元素之一。

"你的价值准则是成为你的核心元素之一。"

如果你不捍卫某样东西，你可能就会被任何东西迷惑。

——佚名

尽管你的价值准则是稳定且固定的，但它们其实只是指导性原则——它们不是一成不变的，而是需要根据不同的情况灵活变通的。有时候你需要知道哪一条价值准则对你而言更重要。

写下你心目中最重要的五条价值准则，然后看着其中任意两条问自己："如果我只能满足其中一条，我会选择哪一条？"

比如说，真相可能是一条价值准则，但如果在追求真相的过程中你不得不牺牲其他价值准则（比如冷静、和平或健康的心理状态），那你可能就需要重新考虑一下了。请注意，在做决策时，你可能必须在能满足不同价值准则的解决方案之间进行选择。

此外，在你的一生中，你的价值准则可能会发生改变。例如，在你十几岁的时候，快乐、友谊和忠诚可能是最重要的选项。但多年以后，你的价值准则可能发生了变化，宽容、自律和可靠性或许变得更重要，成为你更为看重的东西。

因此，你要意识到你的价值准则，并不时地重新审视它们，尤其是当你不能确定在某种情况下应该做出何种回应时。

你的价值准则将对你的权利观产生影响。例如，如果你重视隐私，那么你可能就会觉得自己有权不公开个人信息。如果你重视忠诚，那么你可能就会觉得自己有权期望他人忠诚和值得信赖。如果你重视宽宏大量，那么你可能就会觉得你有权犯错误。虽然你也相信他人同样拥有这些权利，但是价值准则和个人权利具有主观属性——它们是基于你的经验，以及你对自己和他人的期望的。他人的个人权利也是基于他们自己的经验和期望的，因此很可能与你的不尽相同。

"价值准则和个人权利具有主观属性。"

你觉得自己有权享有什么权利

确定你的个人权利能够帮助你明确自己的价值准则和期望。下面是一些例子。

你有权：

- 要求获得你想要的东西而不必感到内疚。
- 要求获得信息。
- 表达你的想法和感受。
- 自行做出决定并应对其后果。
- 选择自己是否有责任为他人解决问题。
- 不去了解或者理解某种事物。
- 犯错误。
- 获得成功。
- 改变主意。

- 保护隐私。

- 独处和自立。

- 选择不坚定果敢。

- 做出改变。

你还想添加哪些权利？问问自己：你为自己选择的权利是否平等地适用于其他人？

表现为坚定果敢，还是表现为攻击，其根本区别在于我们的言行是如何影响他人的权利和福祉的。

——莎伦·安东尼·鲍尔

坚信自己和他人都拥有各自的权利。说出你的想法、感受和观点，但同时也要给予他人权利。

如果你是坚定果敢型的人，那么你就能够维护自己的权利，以不侵犯他人权利的方式行事和表达自己。

攻击行为意味着，因为你用非常强势的方式表达自己的需求和观点，所以你侵犯了他人的权利。

被动行为意味着，因为你不去表达自己的需求、想法和感受，所以你未能主张自己的权利，这就为他人侵犯你的权利打开了大门。

被动攻击行为意味着，因为你总是间接行事且善于操纵，所以你不仅没有表达你的权利，而且你也侵犯了他人的权利。你们双方都是输家。

坚定果敢行为是基于这样一种哲学的：我们所有人都享有个人权利，这就使得我们每个人都能够采取坚定果敢的行动。

坚定果敢在你所有生活领域中的重要性

你有能力自始至终做一个表现得坚定果敢的人，但是，正如我们已经看到的，某些人或情况有可能影响到你的坚定果敢力。

也许你发现对朋友说"不"很容易，但是拒绝工作时同事提出的要求却很困难。也许你可以毫不犹豫地告诉一个朋友你有多生气，因为她总是迟到，但是当你的妹妹（一次又一次地）打电话来向你哭诉某件事时，你却感到束手无策。

如果你在某些领域坚定果敢，在其他领域却不行，那么这很可能与你的不安全感有关。你是否觉得很难拒绝老板安排的额外工作？也许是因为你担心失去工作。也许你有着强大的工作安全感，在十几岁的女儿面前却很难保持坚定果敢的姿态。你不想坚持让她帮忙做家务，因为你担心她会离开你的家，搬回去跟她父亲住。

如果你对完成一项任务没有信心，并且觉得自己的行动正在受到他人的评判，那么你可能就会发现，当你所做的事情受到质疑时，你很难坚持自己的主张。但如果你很擅长做你正在做的事情，那么在与质疑你的行为或动机的人打交道时，你就不会觉得有什么问题。

重要提示

- 坚定果敢需要你用自信而直接的方式让他人知道你想要什么、不想要什么。这也意味着要对他人的观点和意见持开放态度，即使他们可能与你持不同的观点和意见。

- 采取被动或攻击的态度既有优点也有缺点。生气是没有关系的——重要的是你表达愤怒的方式和时机。被动也没什么错——在合适的时候你完全可以这么做，只要你不是永远都采取被动的态度。

- 当一个坚定果敢型的人采取攻击或被动的态度时，他会为选择以这种方式行事或交流负起责任。而非坚定果敢型的人则常常会责怪他人把他们"逼"成了那个样子。

- 有很多原因可能导致你很难做到坚定果敢，其中包括你的教养、信念和期望、人际关系、你经历过的失望，以及自信程度。他人的行为也会对你的坚定果敢力产生影响。

- 你的行为和交流方式、你的信念和态度不一定是一成不变的，你可以学会用更积极、果敢的方式进行思考和行为。

- 确定你的个人权利可以帮助你明确你的价值准则和期望。

● 坚信自己和他人都拥有各自的权利。大胆说出你的看法、你想要的和你不想要的，但同时也要给他人他们的权利。

⚠ 小测试

你有多么坚定勇敢

你有多么坚定果敢？ 这个问题并不总是很容易回答的。在某些情况下，以及与某些人在一起时，你可能觉得很容易做到坚定果敢。但在其他情况下，你可能会觉得很难诚实、清晰地表达自己。下面的小测试将帮助你认识自己的坚定果敢水平，并弄清楚在哪些情况下，以及与哪些人相处时，你可以更加坚定果敢。

表格的左边一栏中列举了各种各样的情境，以及坚定果敢型的人的反应。你需要在表格的右边一栏中基于十分制对每种情况进行评分。例如，你可能发现，当一个朋友要求你帮忙照看孩子时，你很难对她说"不"，这时你就可以给这种情况打 2 分。又如，如果有一位同事似乎在刻意回避你，而你能够毫无顾虑地问她是否因你而感到烦恼或生气，你就可以给这种情况打 9 分或 10 分。

利用下列问题来判断你在哪些生活领域中最不坚定果敢，以及最坚定果敢。在每个领域里：50 分以上 = 优秀；30 分以上 = 还不错；30 分以下 = 该领域需要引起注意。在阅读这本书的过程中，你会找到关于如何做出回应的建议。

职场中表现出的坚定果敢	十分制评分（10 分为很容易做到，1 分为不可能做到）
你的老板指责你懒惰；你冷静自信地为自己辩护	
你被要求向一个委员会做报告；你对此充满期待	
你的同事还没有完成他在合作项目中的工作；你不带愤怒情绪地批评他	
你觉得自己一直干得很出色；你总结了自己的工作情况，并要求加薪	
职场中有一位同事脾气暴躁，对你粗声粗气；对此你毫不在意，只是忽略它	
你已经觉得劳累过度了，但是你的上司要求你承担更多的工作；你告诉她你做不到	

对朋友表现出的坚定果敢	十分制评分（10 分为很容易做到，1 分为不可能做到）
你告诉一位朋友，在你们一起外出时，他没有付他应付的那份钱，这让你很恼火	
在一群熟人中，你的一位不在场的好朋友成为流言蜚语的中伤对象；你挺身而出为你的朋友辩护	

（续）

对朋友表现出的坚定果敢	十分制评分（10 分为很容易做到，1 分为不可能做到）
一位朋友请你晚上帮忙照看孩子，而那个晚上你已经有其他安排了；你提出自己需要考虑一下，然后说了"不行"	
有几位朋友告诉你，你对他们发表的评论让他们觉得受到了冒犯；你觉得他们很可笑，但还是向他们道歉并承认他们是对的	
一位朋友说她欣赏你讲故事的方式，说你能让所有人开怀大笑；你喜欢她的赞美，并且说"谢谢"	
你和一群朋友去餐馆；你浏览了一下菜单，你是第一个决定好自己想吃什么的人	

对家人表现出的坚定果敢	十分制评分（10 分为很容易做到，1 分为不可能做到）
你的姐夫批评你新装修的房间；你用幽默的方式回应他的评论	
当你十几岁的孩子把东西从购物袋里拿出来并将桌子收拾干净时，你表扬了他	

（续）

对家人表现出的坚定果敢	十分制评分（10分为很容易做到，1分为不可能做到）
你母亲每天都打电话来，希望你去看她；你告诉她今后你无法再像以前那样经常去看她了	
你父亲告诉你，你和孩子们相处得很好，你是个好家长；你愉快地接受了赞美	
你告诉你的伴侣，你对于他缺乏责任感、经常不在家感到不高兴	
你和家人们坐下来讨论一份你希望他们今后承担的家务活清单	

对服务提供者表现出的坚定果敢	十分制评分（10分为很容易做到，1分为不可能做到）
你独自坐在一家繁忙的餐厅里，服务员对你视而不见；你走到他跟前，请他为你服务	
医生对你的健康问题进行了诊断，并且说了可以（以及不可以）采取什么措施进行解决，但你感到困惑不解；你让她重复解释一遍，并且给你时间记录下来	

（续）

对服务提供者表现出的坚定果敢	十分制评分（10 分为很容易做到，1 分为不可能做到）
销售助理费了好大力气为你挑选了一堆鞋，但没有任何一双完全符合你想要的款式；你什么都没买就离开了	
你为自己的起居室购买了新地板，但厂家未在约定日期进行安装，而且地板后来还出现了问题；你明确地说明你要求采取什么措施	
在一家餐厅里，一些孩子到处乱跑，大声喧哗，把桌子撞得砰砰响；你让经理去和家长们谈谈孩子们的行为	
你正在上一门课，有几个同学不断地扰乱课堂秩序；你私下去和老师交谈，请他干预并处理这种情况	

在面试时表现出的坚定果敢	十分制评分（10 分为很容易做到，1 分为不可能做到）
你接到当地一家大型企业的面试邀请；你通过仔细阅读其网站来研究该公司	
你在接待处等候，这时面试官来了；你微笑着站起来，直视面试官的眼睛，伸出手去与他握手	

（续）

在面试时表现出的坚定果敢	十分制评分（10分为很容易做到，1分为不可能做到）
你被问到一个你不明白的问题；你说你没听懂这个问题，请面试官重复一遍	
你被问及你的技能和优势；你做出了描述，并举例说明	
你被问及你的弱点；你举出例子，不是说明了你正在采取什么措施来克服弱点，就是解释了你的弱点如何可以转化为优点	
面试官对你前一家工作单位不屑一顾，说那是一家二流公司；你表示不同意并解释原因	

打完分后，将你在每个独立领域（家人、朋友等）的分值相加。

50分以上：没有人可以凌驾于你之上，不是吗？在这个领域中，你多半能够轻松地做到坚定果敢！

30分以上：情况还不错，但是在你得分很低的那些情境中，你需要提高自己的坚定果敢水平。

30分以下：在该领域的大多数情境中，你的得分可能都很低，你需要认真阅读本书中提供的指导。

现在你已经读完了第1章，你应该已经明白为什么在某些生活领域中你会觉得很难采取坚定果敢的态度。接下来请阅读本书第一部分的其余章节，了解关于如何成为一个坚定果敢型的人的理论。然而，我们也知道，了解理论和将其付诸实践是截然不同的两回事。为了帮助你，在本书第二部分中，我们将深入讨论上述小测试中的具体情境，并研究最好采用何种方式去果断地处理这些情况。你的分值揭示了你在哪些生活领域中最不坚定果敢，但你或许应该从你觉得最轻松的领域开始。研究本书中提出的建议，并在现实生活中加以尝试——这是学习的唯一途径！

CHAPTER 2

第 2 章

让自我感觉良好
并且让他人也感觉良好

人人都想着要改变世界，却没人想着要改变自己。

——列夫·托尔斯泰

做出改变

如果你已经读完上一章，你就会明白，坚定果敢、攻击、被动和被动攻击行为之间存在着很大差异。你也会明白，在某些情况下，你可能表现得坚定果敢，而在另一些情况下，你可能就会表现得不够坚定果敢。之所以会这样，原因有很多。

你会意识到，在某些生活领域中，你可以变得更加坚定果敢，而且你也会承认，自己既有长处也有短处。

准备好做出一些改变了吗？你还不确定？不用担心。

要改变自己的行为和交流方式，这听起来或许令人生畏。如果你感到疑惧的话，你就会倾向于保持你的习惯和一贯的行为模式。

如果你肯承认自己确实有着种种担忧，而不是逃避忧虑、固守旧习，那么你更有可能改变自己的行为。

> "如果你肯承认自己确实有着种种担忧，那么你更有可能改变自己的行为。"

担忧的原因可能在于，改变会带来：

- 不确定性。
- 中断。
- 不稳定。
- 混乱。
- 风险。
- 损失。

改变你在世间的行为方式是一种冒险，而且你无法知道会产生什么结果。但是如果你只盯着改变的消极方面看，你就会失去行动力，无法前进。

练习

当然，改变自己的行为方式会感觉怪怪的，但你可以进行自我调整。如果你想向自己证明这一点，那就试试下面这个实验。首先任意选择一件你身边常备的东西——假设你选择了一个时钟。然后，把时钟转移到房间的另一个位置。当你想看时间时，你看错方向的频率有多高？感觉挺混乱的，不是吗？可如果你坚持下去，那么只要两周时间，你就会适应一种新的，不同的行为方式了。

如果你确实有做出改变的积极性，那么你更有可能专注于

改变的**积极**方面。而当你专注于改变的积极方面时，你就会更倾向于做出那些改变！改变交流和行为方式的积极方面包括：

- 人际关系获得改善。
- 自尊感和自信心获得提升。
- 更大的影响力和控制力。
- 成就感。
- 各种新机遇。

请注意，冒冒失失地采取新方式去与他人相处和交流绝非良策，你很难确保这能成为一种永久性的行为方式。准备工作至关重要。

研究[⊖]表明，行为改变分为七个阶段。这一过程适用于任何行为改变——无论你是想戒烟、跑步，还是想变得坚定果敢。

改变的七个阶段

○ 前意向阶段

在前意向（pre-awareness）阶段，你甚至都没意识到你需要或是可以进行任何改变。或许有人对你的行为有意见，

⊖　参见：DiClemente, C.C. and Prochaska, J.O. (1982), 'Self change and therapy change of smoking behavior: A comparison of processes of change in cessation and maintenance', *Addictive Behavior* pp. 133-42.

但这并不意味着你认可他的看法。如果你认为不存在任何问题，你就不会有动力去做出任何改变。

○ 确认和意向阶段

在确认和意向（identification and contemplation）阶段，你认识到你需要做出改变。你决定考虑换一种行为方式，这可能是一种情绪反应，也可能涉及理性的、有意识的思维，或者二者兼而有之。

可能是某人对你的行为有意见，可能是你自己希望一切有所不同。你意识到改变可能会带来一些益处，但是对自己是否有能力做出改变没有信心。

○ 准备阶段

准备（preparation）阶段可能相当漫长，并涉及若干不同的步骤，例如：

- 寻找你应该做出改变的迹象和证据。
- 权衡利弊。
- 寻找关于如何改变行为方式的观点和信息。
- 判断时机是否合适。
- 了解你需要做什么。
- 设定具体的、积极的目标。

在准备阶段，你有做出一些改变的打算，但是，首先，你可能会思考并寻找一些迹象来确认你事实上真的需要改变自己的行为。你可能会觉得在做出改变之前，你需要先制定某些标准。

偏见会悄然影响你改变或不改变行为的决定。你可能愿意接受那些支持你对自身行为的既有结论的事实，却漠视那些支持不同结论的事实。

例如，你母亲可能不喜欢你的行为方式，但你哥哥却说，问题出在你母亲身上，而不是你。于是你愉快地得出结论：你不需要改变。然后，你就会停止继续寻找你确实需要做出改变的证据！

还有什么会对你进入下一个改变阶段并采取行动的决定产生影响？如果你明白自己需要做什么，如果你能预见可能的结果，那么你更有可能采取行动。如果你觉得做出改变符合你的需求、能力和价值准则，那么你更有可能改变你的行为。

时机也很重要。例如，你可能会觉得，由于你所在部门的职位目前并不稳固，所以眼下并不是在职场上变得更加坚定果敢的恰当时机。

在准备阶段，你需要精准确定你想要解决哪些行为问题（第 1 章中的小测试可以帮助你做到这一点）。而且，你需要确定目标——也就是说，你需要明确定义目标。

"你需要精准确定你想要解决哪些行为问题。"

例如，如果你认识到自己应该少一些攻击性、多一些坚定果敢，这是值得赞许的，但是，你应该思考得更具体一些。比如说，你可以设定这样一个目标：当你想让他人为你做点什么事情时，不要提高嗓门儿。类似地，如果你想让自己显得更加坚定果敢，那么你不妨明确设定这样一个目标：当你想请求他人帮忙时，不要含混不清地咕哝。

设定积极的目标

在这里，了解以下事实将对你很有帮助：诸如"当我需要他人帮忙时，我决不能含混不清地咕哝"或者"当孩子们行为不端时，我决不能大喊大叫"之类的想法并没有告诉你除了含混不清地咕哝或大喊大叫之外，你还能做些什么。要确立积极的目标，你应该这样想，"当我需要他人帮忙时，我会清楚地说出来，并进行眼神交流"。或者是，"当我感到愤怒时，我会深呼吸并冷静地说话"。如果你想消除一种无益的行为，那么你必须确定用什么样的积极行为来取代它。

当你用积极的而非消极的语言来定义行为改变时，任何行为改变都会有更大的成功机会。人们将太多的改变意图集中在了消极的目标上——放弃、停止或失败。

如果你给自己设定了一个消极的目标，比如"停止像这样挑剔"，那么你的思想就会集中在消极词"停止"和"挑剔"上。在下决心时使用"禁止""决不能""停止"

等词，效果将适得其反。不要去想"我必须停止像这样挑剔"，而要去想"我会更加宽容和大度"。

相对于让你逃避某种事物的目标来说，你更有可能实现那些让你得偿所愿的目标！你为改变而做的准备应该能够激励你，给予你希望。积极的目标可以做到这一点。相比之下，由"决不能""不行""不会"之类的词语定义的消极的目标则令人沮丧悲观，起不到激励你的作用。

你是不是担心要花太长时间才能实现你的目标？

"如果我从现在开始对我处于青春期的孩子们采取更加坚定果敢的姿态，那么可能得过上好几个月才能看到他们的行为发生真正的改变。"

上述这种思维方式会击垮你。即使你不采取行动，那几个月的时间也依然会过去，而届时一切都不会发生改变！

下决心让自己的行为发生积极的改变，然后问问自己："现在，对我行为的这一方面做出的努力让我感觉如何？"它是否激励你，给你带来一些希望，让你找到了关注点？是的？那就开始朝着它努力吧！

当然了，你的目标是在未来，但事实上你永远只能活在当下。思考并设定积极的目标可以改善你此刻的感受（见表 2-1）。

表 2-1 积极的目标可以改善你的感受

你想改变的行为	你想用什么行为加以替代	你对期望行为的感受
批评我儿子的穿着	关注他穿了什么让我觉得喜欢的衣服	对挑战充满期待
答应同事加班到很晚	告诉他我打算每天准时下班	焦虑，但是下定决心准时下班

另外，如果一个目标不能改善你目前的心态，那又何必保持它呢？如果你觉得它会带来太多的牺牲和焦虑，如果你在担心你将面临的风险并产生了其他令人沮丧的想法，那么这就不是一个明智的目标。放弃它，然后考虑去改善另一个方面。

○ 行动阶段

在行动（action）阶段，你会将改变落实到位。你会改变自己的行为，或者将一种行为方式改换为另一种。

行动阶段通常充满压力，需要投入时间和精力，但如果先前做好了充分的准备，那么这也可能是一段令人兴奋的时期，会产生新的行为和交流方式。

根据你在**准备**阶段设定的目标和制订的计划，行动阶段可能表现为若干渐进的小步骤，也可能表现为一次彻底的人生改变。

○ 保持阶段

在保持（maintenance）阶段，你会努力保持新的交流和行为方式。你必须避免让旧的习惯和行为模式卷土重来，你很可能需要想办法抗拒诱惑，以避免恢复不坚定果敢的作风。

○ 终止阶段

到了终止（termination）阶段，你已经建立起新的行为方式了。你将永久性地采取更有效的交流和行为方式。你已经认识到先前的问题行为不再是你的选项。（例如，你很清楚，你将不再仅仅因为没有勇气表达异议而怀着愤怒和沮丧离开会议。）

你在任何交流或行为上的改变都应该能促使你从一个阶段进入下一个阶段。每一个阶段都是在为下一个阶段做准备，因此，比起匆匆敷衍或直接跳过一个阶段来说，从一个阶段逐步推进到下一个阶段是更有效的做法。

○ 进步、改变和复发阶段

接下来是进步、改变和复发（progress，change and relapse）阶段。在任何行为改变过程中，你都有可能犯错误，并恢复以往的行为和交流方式。故态复萌很正常，应该在预料之中。如果你真的故态复萌，你可能会体验到失败感、失望感和沮丧感。成功的关键是不要让这些挫折破坏你的决心和自信心。你必须认识到：决不能因为旧疾复发而彻底放弃！

如果你又恢复了先前与他人的互动方式，那就试着弄清它发生的原因。是什么触发了这种行为的复发？今后你能做些什么来避免此类触发事件？

也许你是犯了贪多嚼不烂的错误，或者目标定得太笼统了？例如，"我想对每个人都更好一点儿"就是一个过于庞大的目标！相反，"我不会在同事每次提出我不赞成的观点时都对她大发雷霆"则要容易实现得多。

你可能需要重新评估你的动机、技巧和对目标的投入程度。另外，你要为将来如何应对挫折制订计划。针对一个目标，了解如何做才能以最佳方式进行准备、采取行动，并且将新的行为方式保持下去，做到这些你将更有可能取得成功。

就算你真的回到过去的行为和交流方式中，你也不太可能彻底恢复到初始状态。

通常，你会前进两步、后退一步——不断推进和失守，从错误中汲取教训，并利用得到的教训继续前进。

在新的互动方式牢固建立之前，你甚至可能会经历多次这样的循环。

采取任何新的行为方式都需要勤加练习，所以你要对自己有耐心。由于旧习惯不会在一夜之间消失，所以你很可能会经历一些复发。

"由于旧习惯不会在一夜之间消失，所以你很可能会经历一些复发。"

不要将困难视为失败。相比之下，将失误视为整个过程中不可或缺的一部分好处多多——它们提供了学习机会，让你下次可以做得更好，并慢慢建立起自信心。

为改变做准备：让自我感觉良好

除了不让挫折破坏你改变自身行为的信心和决心以外，如果你能确定何种技能和优势可以支持你变得更加坚定果敢，你就会更有信心让自己成为一个坚定果敢型的人。

优势是行为、技能和知识的组合，你始终可以运用它们来获得成功的结果。

每个人都能够识别属于自己的一些优势，但是，你该如何判断它们中的每一个是否真的算优势？

优势满足以下条件：

- 感觉很真实——"这是真实的我"。
- 通过运用这种优势，你可以轻松快速地做事情。
- 你常常想顺着这种优势进行发挥。
- 当你运用这种优势时，你会产生积极感而不是消极感。

在这里，我们感兴趣的是那些与坚定果敢相关的优势。例如，如果你的优势之一是擅长倾听，那么你已经具备了坚定果敢的基石之一。为什么？因为当一名好的倾听者意味着你已经发现认可他人的需求和感受是一件很容易做到的事情。

下面列出的优势与坚定果敢的交流和行为方式相关。在符合你情况的每个选项上打钩。思考你生活中所有可以展示这些优势的不同领域，包括工作、家庭、朋友和休闲。

- 有责任心
- 成功者
- 适应性强
- 充满关爱
- 利他
- 懂得感恩
- 平易近人
- 冷静
- 体贴
- 有献身精神
- 有同情心
- 一丝不苟
- 始终如一
- 有合作精神
- 好奇
- 果断
- 可靠
- 坚定
- 灵活变通
- 谨慎

- 尽职
- 有同理心
- 善于鼓舞人心
- 喜欢探询
- 热情
- 公平
- 灵活有弹性
- 宽容
- 慷慨
- 乐于助人
- 诚实
- 充满希望
- 冲动
- 有包容精神
- 独立
- 公正
- 友善
- 忠诚
- 谦虚
- 富有观察力

- 开明
- 乐观
- 有条理
- 有耐心
- 平和
- 执着
- 守时
- 令人安心
- 可靠
- 尊重他人
- 负责
- 冒险者
- 真诚
- 有精神追求
- 自驱的
- 富有同情心
- 宽容
- 积极肯干

现在，选择你最强的三大优势。你什么时候运用过这些优势？你是在什么情况下以何种方式运用它们的？

当你回忆起自己曾经在什么情况下运用过与坚定果敢有关的优势时，你无疑会更有信心做到坚定果敢。

例如，如果你的优势包括坚定和执着，那么你可能会想起，有一次，当有人企图强迫你做什么时，你成功地坚持了自己的立场。如果你是一个友善而体贴的人，那么你可能会想起在很多时候，你关注并且接受了他人的观点。如果你的一大优势是能够承担责任，那么你就会知道对自己而言，为自己的行为和决定负责是一件轻而易举的事情。

◦ 心态积极者的重要性

除了确定你自身的优势之外，找到你生活中的心态积极者对你而言也大有裨益。跟这些人在一起时，你会感觉很自然无拘，他们重视你的想法，并且让你感觉很好。事实上，从很多方面看，他们正是你所认识的坚定果敢型的人——他们会向你说出自己的想法，并且对他人的观点和意见持开放态度。

心态积极者

谁是你生活中的心态积极者？不同的人有不同的特点。在他们中间，有的可能是激励和鼓舞你的朋友，有的则可能永远是在你成功时向你表示祝贺，在你遭遇困难时让你振作起来的最佳人选。能向你提供建议的人不一定是你的密友，他也可能是某位优秀的治疗师、互助小组的同伴、同事，或者是你的理发师。在思考谁是你生活中的心态积极者时要充分发挥想象力。无论他们是谁，都可以成为你力量、灵感和精神支持的真正源泉，让你变得更加坚定果敢。

你可能已经很熟悉将他人比作暖气片或下水道的说法了。暖气片传播温暖和积极性，让你感到自信和欢欣鼓舞；而下水道则会抽去你的精力，让你泄气——他们的消极情绪会让你感到烦恼和沮丧。

如何辨别下水道类型的人？可以从观察他们的行为开始，他们往往会表现出挑剔、挖苦、无病呻吟和怨天尤人。"下水道"们可能既缺乏自信又以自我为中心，具有典型的被动攻击行为！

通常，你得到的建议会是减少与"下水道"共处的时间。当然，这不失为一种有效的选择。但在这里，我们要关注的是如何用坚定果断的方式应对"下水道"！

○ 如何让自我感觉良好并步入良性循环

一旦你确定了自己的技能、优势，找到了生活中的心态积极者，你就可以站在有利位置上采取行动了。

在第 1 章中我们已经明确了，坚定果敢的能力与自尊感和自信心密切相关。自信心是相信自己有能力做某事。有了自信心，你才能够说出自己想要什么或不想要什么；你必须坚信自己有能力应对坚持自身主张所导致的后果。然而，如果你没有坚持自身主张的习惯，你就会发现自己处于双重困境中——因为不自信，所以无法坚持自己的主张；因为很少坚持自己的主张，所以感觉不到自信心。这样，你就被两个看似矛盾的要求困住了！

但值得庆幸的是，这件事反过来也一样成立！它**可以**形成一个双赢的局面。如果你坚持自己的主张，那么下一次你会感到更加自信；而你新找到的、更高水平的自信心则会激励你坚持自己的主张。记住——自信心是采取行动的能力，无论那一刻的感觉是多么困难和可怕。

"自信心是采取行动的能力，无论那一刻的感觉是多么困难和可怕。"

要想取得进步，一个方法是小步推进，逐步建立你的自信心。例如，不要冒险惹恼你专横的岳母或上司，说你不同意她们关于某项任务应该如何完成的观点，因为这样做你会被她们愤怒的炮火击垮。相反，刚开始你的目标应该是在一位比较容易顺从的朋友面前表现得坚定果敢——当你坚持自己的主张时，这个人更有可能与你合作。

管理负面情绪：善加控制并采取行动

坚定果敢型的人是否会对表达自己的需求和愿望感到焦虑？当然会。但是和非坚定果敢型的人不同的是，他们会采取行动并对结果承担责任。他们不会因为恐惧结果而击垮自己。

○ 承认并接受自己的感受

对于坚定果敢型的人而言，重点不在于你有多么恐惧和焦虑，而在于要如何应对各种人和各种情况——**哪怕**你感到害怕或担心。你很清楚，你必须从某个地方着手行动！

例如，想象一下，你的小姑子经常奚落你。你没有信心捍卫自己，因为害怕可能导致的后果。如果家人偏袒某一方，而你丈夫因为家庭和谐遭到破坏而感到生气，那该怎么办？

然而，想象一下，你迎难而上，正视问题，冷静地与她对抗。想象一下，尽管你很担心由此造成的后果，但还是告诉了小姑子你对她的话的感受。

你可能觉得把话说到这一步就可以了，但也可能找到信心补充说，你不会继续忍受下去了。你可能会说，今后如果她再说那样的话，你会请她做出解释，讲清楚她究竟是什么意思，而且你可能会反驳或不同意她的奚落，总之你不会再保持沉默。不只是这些。想象一下，你已经深思熟虑并预先考虑了后果——你告诉她，你知道其他家庭成员可能不喜欢你破坏现状，但你自会妥善处理。

结果是什么？结果是：

- 你同时迎战了自己的恐惧和小姑子。
- 你说出了自己的感受。
- 你划出了你的底线。
- 你行使了保护自己免遭他人敌意伤害的权利。
- 你明确表示你将对后果负责。

这真是了不起的成就啊！

○ 接受自己的弱点

如果你已经完成了第 1 章的小测试，那么你已经确定与哪些人相处、在哪些情况下你可以更加坚定果敢。和其他人一样，你既有优点也有缺点——这是所有人类的共同特征。一旦接受了这一点，你就有了一个好的开端！

对自己的弱点做出尽管主观但实事求是的评估并且接受它们，这并不意味着你必须屈服于你的弱点，这仅仅意味着你接受**过去的**行为、态度和信念是**无法**改变的。

坚定果敢型的人不会纠结于自己的弱点，相反，他们会从自己的错误和经历中吸取教训：他们认识到自己本可以采取不同的做法，并决定下一次采取不同的做法。坚定果敢型的人明白，**未来的**行为、态度和信念是**可以**改变的。接下来会发生什么，未来会发生什么，都是可以改变的。这种积极态度能够让你掌控局面！

使用流利的肢体语言

你的肢体语言在坚定果敢的表现中起着重要作用。即使你沉默不语，你仍然在进行交流——通过你的姿势、面部表情和外表。

你会利用自己的肢体来辅助交流，并强调你想说的话。有趣的是，在沟通困难的时候，我们的肢体语言会变得更加明显。如果有人使用大幅度、短促、剧烈的手势，那么你很快就会注意到他生气了。而且，如果有人的手在不断地摆弄着什么，你就能够看出他很焦虑！

躲躲闪闪的目光、低头垂肩的姿势、紧张的手势，以及其他不坚定果敢的举止会使交流变得更为消极。相反，镇定的姿势、平静的声音和手势则有助于传达出坚定果敢的心态。

肢体动作可以暴露当事人的许多信息。非言语行为能传达你是什么样的人，以及你的感受如何。他人可以从你的肢体语言中得出关于你的真诚度、可信度和情感的结论。

更多地意识到并调节你的肢体语言，可以极大地增强你用恰当的方式坚持自身主张的能力。

◌ 姿势

你的姿势经常会受到你的情绪的影响，这就意味着，如果你感到愤怒或沮丧的话，你可能会将肩膀、下颌和下巴向前突出。

双手叉腰的姿势可以建立权威感，或者传达这样一个信息：我们遇到了一些"问题"。

如果你感到胆怯或焦虑，你可能会低头垂肩，下巴耷拉着，向前拱起肩膀。这表明你感觉不舒服，而且在你身边的其他人很可能也会感觉不舒服。

要展示自信心和坚定果敢，你只需身体站直并保持头部水平。放松肩膀，将身体的重量均匀分布在双腿上。

即使在你感到胆怯的时候，只要你能摆出胸有成竹的姿势，你也会立刻感到更加自信。你可以简单地通过改变姿势来影响自己的情绪或情感。

试着在镜子前摆出自信的姿势，让自己意识到自己自信时看上去是怎样的、感觉又是怎样的。

○ 距离

了解对自己而言最舒适的个人空间距离是怎样的。给自己留出足够的空间，让自己感到放松，并能够在必要时行动起来。

○ 手势

你喜欢抚弄自己的头发吗？喜欢咬指甲吗？会不停地摆弄首饰吗？如果是的，那么即使你没有感到紧张或焦虑，你依然会给人留下紧张焦虑的印象。

你是不是几乎说每句话都要挥手舞胳膊？尽量避免对你

所说的每句话都进行连续的肢体解释。相反，只在手势能发挥最大影响力的时候选择性地添加手势。如果你在用语言和面部表情来表达感受，你可以让手臂放松地垂在身体两侧，因为这时你不需要它们。

○ 眼睛

你有没有和不肯直视你的人交谈过？那个人将目光越过你的肩膀，或者投向地面，甚或看着其他人——哪里都可以，但就是不看你。这很可能让你感到不安或沮丧，你会怀疑对方是不是对你不感兴趣。不要试图去与背对着你的人交谈，也不要去找正在发短信、阅读、在电脑前工作或是正在看电视的人交谈。相反，要等到对方能将注意力完全放在你这里时。当你想表现得坚定果敢时，你要直视对方，但是不要去瞪视对方或让对方瞪视你。

○ 声音

当你对什么事情感到不满意时，你是不是会噘起嘴，而不是说出你的感受？你要小心了，其他人可不容易上当！

如果你嘀嘀咕咕或发牢骚抱怨，你是不会给人以坚定果敢的印象的。相反，你传达的是焦虑和紧张感（即使这可能并不是你的真实感受）。如果你使用诸如"其实吧""那个""你知道"之类的"填充词"，也会给人带来同样的印象。

试着缓慢、清楚、平静地说话。不要叽里咕噜地说话——急促而含混不清的语句会让人感到困惑，从而导致他人无法理解你或不认真对待你。

○ 你是如何握手的

握手这一行为能够暴露很多关于你的信息，以及你想传达的东西。你握手时缺乏自信和活力吗？没人愿意去握一只像湿面条一样软弱无力的手。但是（先听我把话说完），从另一个角度来说，也没必要把握手变成力量的较量。这只是握手而已，不是摔跤。

如何才能让握手传达你的真实意图？勤加练习。你只需和朋友一起练习，直到你们俩都觉得你做得很好，那你的握手水平已经不亚于任何人了！

○ 外表

不管你是否喜欢，总之你的穿着会影响你的可信度。你穿的衣服，它们的颜色和风格都会泄露关于你的一些信息。

你可能经历过下面这种场合：与其他人相比，你穿得太隆重或太寒酸。这至少会让你感到不舒服，而在最糟的情况下，它会完全摧毁你的自信心。对自己的外表感觉良好有助于树立坚定果敢的姿态。

能反映你的个性，让你感到舒适和自信的穿着并不需要花费很多金钱或时间，你只需要坚信你有权利展示自己最棒的外表。

所以，抬起头来，大胆开口、微笑，以及握手。通过使用流利的肢体语言，你也可以学会变得更加坚定果敢！

给予和接受赞美

还有一种更为有效的方法能让自己和他人感觉良好，那就是给予和接受积极的认可。积极的认可能够通过钦佩、赞扬、欣赏或感激的方式加以表达。

给予他人真诚的赞美能让你摆脱自我的禁锢，因为要这样做你必须更加关注周围的人。要想赞美某人，你必须非常主动地寻找他的积极特点或品质，以及具体的事例。

通过频繁地这样做（试着每天做一次），你将能轻松地捕捉他人的积极特质。你越是善于观察周围的人，赞美他们就会变得越容易。

你的思维过程会转向挖掘他人身上最好的品质，这种积极主动的态度会渗透到你生活中的其他领域。给予赞美是一种强有力的开端，让你能够识别生活中各种各样的积极因素。

"这种积极主动的态度会渗透到你生活中的其他领域。"

如何给予赞美

赞美要具体。有时候，最令人难忘的赞美是那些最具体的赞美，因为这表明你很关注对方。

具体的赞美可以放在一般性的赞美后面，也可以单独给出。例如：

> "你看上去棒极了！我真的很喜欢你的发型。"
> "你的报告写得很好。你让问题变得非常容易理解。"

转换赞美的角度，反映出对方对你的积极影响。例如：

> "你的关心让我感觉好多了。谢谢。"
> "听了你的发言后，我深受鼓舞，想换一种做事情的方式。谢谢你。"
> "你太慷慨了——你真是让我太开心了。谢谢。"
> "你的冷静态度让我感到很安心。谢谢你。"

当你告诉他人，他们对你产生了重要影响时，他们会对自己感觉良好（这是赞美的目的），并且会因为他们的行为对你产生的影响而受到鼓舞。而且，如果他们要否认你的赞美，听上去一定会很傻，比如"不！我没有"。

　　一句真诚的赞美总是能对人起到积极的推动作用，不过也有人会拒绝赞美。要知道，对于某些人而言，以及在某些文化中，拒绝赞美才是礼貌的做法，而接受赞美则是不礼貌的。不拒绝赞美会被认为是古怪或粗鲁的。有时候，有人可能会因此而拒绝赞美。

　　赞美就像一件礼物。如果有人不想要你的礼物，那么礼物最终还是属于你的。接受赞美的最好方式也和接受礼物一样，你只需说声"谢谢"。彬彬有礼的接受方式只需要两个字——谢谢。不要说任何消极的话。如果你想多说点儿什么，请务必使用积极的语言：

- "太好了，谢谢你。"
- "这是我今天（本周或很久以来）听到的最好的话。谢谢！"
- "谢谢你告诉我这一点。"
- "谢谢。我真的很高兴听到你这么说。"
- "谢谢。我也对我所做的一切感到很满意。"

　　如果你因为工作出色而受到称赞，但这项工作不是你独自完成的，那么你一定不能忘记赞美那些帮助过你的人："哈里和汤姆帮了我很大的忙。没有他们，我是不可能完成这项工作的。"

　　记住，在接受他人赞美的同时，不要觉得你必须用赞美回报对方。这会让你变得更加自信，并且让你越来越喜欢自己。

重要提示

- 专注于改变行为和交流方式所带来的积极影响。

- 确定自己想做出的明确、具体的改变。

- 改变自己的行为和交流方式需要时间，所以要做好面对故态复萌的心理准备。记住：前进两步，后退一步。

- 确定你的技能和优势。找到你生活中的心态积极者，他们将帮助你变得更加坚定果敢。

- 拿出勇气来应对各种人和各种情况，哪怕你感到害怕或担心。

- 使用流利的肢体语言，因为这在坚定果敢的表现中起着重要作用。

- 给予和接受赞美。给予赞美是一种强有力的开端，让你能够识别生活中的各种积极因素。

CHAPTER 3

第 3 章

说出你想要的和你不想要的

保持你的本色，说出你的感受，因为介意的人不重要，重要的人
不介意。

——苏斯博士

焦虑、内疚、愤怒或对改变的恐惧，无论你遇到的是何种障碍，你都可能发现，你之所以很难说出自己想要什么和不想要什么，主要原因之一就是你不知道该用什么方式说。

　　告诉他人你想要什么和不想要什么意味着你得：

- 弄清自己的感受。

- 表达清晰、直截了当。

- 倾听并对他人的观点持开放态度。

- 承认他人的权利。

- 弄清楚其他可供选择的推进方向。

- 维护自己的权利，设定为人处世的边界和底线，以及你会接受和不会接受什么。

- 知道什么时候应该妥协谈判，什么时候必须坚持自己的立场、决不退缩。

- 时刻准备着寻找解决方案。

- 时刻准备着承担说出自己的感受和需求所引发的后果。

- 勇于担责，无论结果如何，不去责备他人。

辨识自己的感受

> 人们可以驳斥你说的事实，但绝对无法驳斥你的感受。
>
> ——莎伦·安东尼·鲍尔

要想以坚定果敢的方式管控某种局面，第一步是留意你自己的感受。

要求某人为你做件事情，质疑某人的行为，在你想说"不"的时候说"不"——所有这类情况都与人的感受息息相关。

试着留意自己面对各种情况时的**感受**。你是感到沮丧和愤怒，还是感到受伤？抑或焦虑、失望，还是嫉妒？你的感受和情绪并不能定义你，它们只是你向自己传达的内心信息，能够帮助你理解自己的动机和行动。

"你的感受和情绪并不能定义你。"

一旦你能更清楚地意识到自己的情绪和感受，你就可以选择是否向他人倾诉这些情感。这并不意味着你把自己的感受一股脑儿"倾泻"到他人头上。但如果你真的选择让他人了解你的感受，你应该说"**我觉得**"，而不是"**你让我觉得**"。例如，说"**你让我很生气**"是出于自己的感受去责备对方。相反，说"**我感到很生气**"则是在为自己有这种感受负责。

承认自己的感受

你有权利产生各种感受。换一种方式表达并承认你的感受是一种十分有效的方法，这可以帮助你认识到，你有那些感受并没有什么不对（见表 3-1）。表格右栏中有四句尚未完善的话，你可以试着重新表达一下。

表 3-1　换一种方式表达并承认你的感受

出于自己感受的表达	为自己感受负责的表达
你让我很生气	我觉得很生气
你一直都不诚实	我觉得我被骗了
你真让我心烦意乱	我觉得
你向我撒谎了	我觉得
你对我很粗鲁	我觉得
你一直无视我	我觉得

承认你对某一特定情况的感受和想法可以帮助你变得更加坚定果敢。为什么？因为这可以帮助你弄清楚自己想要什么或不想要什么。想象一下，你的朋友让你周末去照顾她的三个孩子。你下意识的反应会是什么？恐惧。但是你没有说"不行"，而是说"好的，没问题。周六我会去照顾他们的"。

你的恐惧感告诉你，你想说"不"。然而，你无视了自己的感受，同意去照顾她的孩子们。怎么回事？

我并不是在建议你对朋友说大实话："我很害怕照顾你

的孩子们。"重点在于，意识到自己的感受不仅不会让你的感受彻底击垮你并左右局面，反而可以帮助你掌控局面并做出合理的反应。所以，要聆听并承认自己的感受。

表达清晰，直截了当

仔细思考过你的感受之后，下一步是确定你到底想要什么或不想要什么，并直截了当地说出来。

你想要什么

你认为以下这些人想要什么或不想要什么？

路易丝： "我经常很生气，因为每次我让你帮忙做家务，你都说你要做家庭作业。家务活总是全部留给我去做。"

西奥： "是谁在抽烟？谁去把窗户打开吧！天呐，这气味让我觉得恶心。要抽出去抽！我还以为你会戒烟呢。"

艾莉： "我上周从你们的市场摊位上买了这张DVD，但它好像放不了。我不知道它出了什么问题。我的孩子们很失望，因为他们一直很想看。"

萨拉： "问题是，我不知道明天什么时候才能下班，而且——对不起，你是说哪部电影来着？哦，好吧，我不是很喜欢看浪漫喜剧，但我很喜欢詹妮弗·安妮斯顿在《老友记》中的表现。看完电影我会很累，不能去喝酒。还有，电影会很晚结束吗？"

路易丝想要什么？

（1）有人帮忙做家务。

（2）希望她的儿子没有那么多家庭作业。

（3）希望她的儿子不要以家庭作业为借口。

西奥想要什么？

（1）打开一扇窗户。

（2）让说话对象戒烟。

（3）以上两项全是。

艾莉想要什么？

（1）退款。

（2）换一张 DVD。

（3）让摊主决定该怎么做。

萨拉不想要什么？

（1）看电影。

（2）看谈话中提到的那部电影。

（3）在外面玩到很晚。

你无法完全确定他们所有人想要什么？那是因为路易丝、西奥、艾莉和萨拉自己也不清楚自己想要什么。

> 如果你能清楚地告诉他人你到底想要什么，你就可以让他人更容易按照你的要求去做。

"直截了当"是一种有话直说的技巧。当你想要某样东西或者是想拒绝某样东西时，要直接切入正题。例如：

路易丝："我希望你把碗洗了。"

西奥："请你去花园里抽烟好吗？"

艾莉："我想要你们退款。"

萨拉："谢谢，但我不想看那部电影。"

谈吐清晰、直截了当有很多好处，包括：

- 节省时间。
- 其他人不必猜测你究竟是什么意思。
- 避免误解。
- 使谈判得以进行。
- 你更有可能获得双赢的解决方案。

当你想要或不想要某样东西时，你是否经常用各种各样的间接方式让他人知道？当你使用诸如暗示、借口、讽刺或生气之类的手段时，你真正想表达的意思是被隐藏起来的。要想确保让他人明白你想要什么，唯一的办法就是清楚、直接地说出你想要的东西。

○ 不急不躁

如果你不能确定自己的感受或者自己想要什么，那该怎么办？直接说出来。就说你不能确定自己对某件事情的感受，需要花时间思考。

在很多影视剧中，你会经常听到一个角色对另一个角色说："这件事情我稍后再回复你，可以吗？"

当然，你可能觉得这样说并不容易，但是这么做的目的是学会辨识你的感受和需求。"我不能确定，我可以稍后再回复你吗？"说这话并没有什么错。如果对方需要立刻得到答复（公平地说，对方可能完全有理由需要立即得到答复），那就冷静地告诉对方，他得去询问其他人。

"目的是学会辨识你的感受和需求。"

还有一种情况我们可以要求暂停或中断，那就是当讨论变得过于激烈时。向对方解释清楚这并不是他的错，只不过你感到困惑、疲惫或者需要时间进行反思，询问他是否能过一段时间再继续对话。

积极地倾听

一旦你说出了你想要什么或不想要什么，你就必须有意

识地努力倾听对方的回应。有太多时候，你可能会发现自己
对某人说的话产生了情绪化的反应；你的期望和假设也可能
让你曲解对方的意思。所以，在你回应之前，你要澄清你认
为你听到对方说了什么，这一点很重要。

你并不一定要同意对方说的话，你只须确保你已经理解
对方的意思了。你可以检查一下自己是否理解正确，办法就
是总结你对对方所说内容的理解并要求对方核实。这不仅能
让你知道自己是否正确理解了对方的意思，而且能让对方知
道你是否已经理解他的意思了。

当杰米用"现在不行，我要做家庭作业"来回应母亲让
他洗碗的要求时，路易丝几乎没有什么需要澄清的。然而，
西奥收到的回应却不是那么明确。这时，仔细倾听与核实至
关重要。

> **西奥**："我希望你去花园里抽烟。"
>
> **埃薇**："拜托你别再唠叨了。老实说，我受够了你对
> 这事儿没完没了的唠叨。要知道，戒烟并不容易。"
>
> **西奥**："听着，我不知道你到底想说什么。我不是要
> 你戒烟，我只是要求你去外面抽烟。你是说你不愿意到花
> 园里去抽烟吗？"

通过改变你的态度和方法，你可能会发现他人对你
的回应方式也发生了变化，因为他们感觉到你具有倾听

和理解的能力。

○ 获取更多信息

要想成为一名积极的倾听者，你需要专心而果断。除了核实对方所说的内容之外，你可能还需要询问更多信息：

> **路易丝**："你的家庭作业最晚什么时候要交？"
>
> **杰米**："周末。"
>
> **路易丝**："很好。那么现在请洗碗，另外找时间做作业。"

但是，如果你是被要求去做某件事的那个人，那么在你回应之前，一定要确保你完全理解对方要求你做什么。例如，也许你被要求去做一件比你想象中更耗时的事情。然而，弄清对方的要求可能根本不需要费很大力气。

承认他人的权利：妥协或谈判

然而，说出你想要什么和不想要什么，同时表示已理解对方的回应，并不能保证你会得到你想要或需要的东西。因为对方有权利不合作。

如果对方拒绝你的要求，你通常的回应是让步、争论或生闷气——停！这些都不行，你应该表示理解对方的观点，并尝试与其进行谈判或妥协。例如：

路易丝："我希望你把碗洗了。"

杰米："现在不行，我要做家庭作业。"

路易丝："你的家庭作业最晚什么时候要交？"

杰米："周末。"

路易丝："周末？那么现在请洗碗，另外找时间做作业。"

杰米："不，今晚我和朋友们约好了。我想在出门前把作业做完。"

路易丝可能会声称她的儿子根本没有家庭作业，他是用家庭作业作为逃避做家务的借口。但也许他真的有家庭作业，必须现在就完成。不管是哪一种情况，路易丝都应该考虑到他拒绝帮忙的权利。

路易丝："好吧。那我希望你今晚出去见朋友之前把碗洗好。"

记住，坚定果敢并不意味着你总是可以随心所欲的。当你得到回应时，你必须做好心理准备，因为那可能并不是你想要的回应！例如：

艾莉："我想要你们退款。"

摊主："对不起，但昨天负责这个摊位的不是我。而且不管怎么说，我们从不退款。"

萨拉："谢谢你邀请我，但我实在太累了，没力气看电影了。"

　　利兹："这不公平。我从来没时间出去玩。今晚孩子们和他们的爸爸在一起，我想找点儿乐子。"

　　记住，你的目标是表现得坚定果敢——平等地尊重自己和对方。不要把改变对方作为你的目标之一。对方可能改变也可能不改变，这并不在你的控制范围之内。

　　如果像路易丝一样，你要求对方洗碗，而对方的回应是"不，我要做作业"，那么你的回应不应该是"哦，好吧，看来只能由我去洗了"，或者是"拜托你了！我已经受够你用做家庭作业为借口来逃避做家务了"。——千万别说这些话！一种推进谈话的方式，就是询问对方是否有其他的解决办法。

　　路易丝："好吧，那什么时候洗碗对你来说比较合适？"

　　这种类型的回应不仅会让你显得很讲道理，同时也可能会让你们双方都得到更好的结果。通过改变你的态度和方法，你可能会发现他人对你的回应方式也发生了变化，因为他们感觉到你愿意讲道理。

　　"通过改变你的态度和方法，你可能会发现他人对你的回应方式也发生了变化。"

○ 谈判

幸运的是，有一种方法可以让你同时说"不"和"是"：拒绝对方的要求，但是提供一种你能接受并且让对方也能获益的替代方案。

> 路易丝："好吧，今晚就由我来洗碗，但明天的碗就得由你来洗了。"
>
> 萨拉："好的，我会去看电影，但散场后我不会去喝酒了。"

○ 了解你的底线，设定边界，坚持你的立场

如果你选择与对方谈判或妥协，你可以尽可能低头，但之后就不要进一步勉强自己了。一旦已经退到了底线，你就得止步，以免此后产生一系列新的问题，它们可能需要花更长的时间才能解决。

设定底线是坚定果敢的关键元素，因为你的底线决定了你允许他人如何对待你。它们应该基于你的价值准则和权利，代表了你至少和至多能接受什么。你的边界和底线可以支持你尊重并照顾好自己。

如果你不清楚自己的底线，或者你建立的边界很薄弱，你就会诱使他人利用你并控制你的选择。反过来说，承认并接受你**确实**拥有各种选择，这是有意识地设置积极边界的第一步。

辨识并维护你的底线将使你能够在任何情况下选择做什么和不做什么。对于那些你想做或参与的事情，你会选择说"是"；对于那些会耗尽你精力的事情和人，你会选择说"不"。选择权在你自己手中。

有些时候，你想坚持自己的立场，拒绝屈服。你不准备谈判或妥协，而是坚持维护自己的权利、守住自己的底线。

接受对方的回应，但坚持你的立场

冷静地回应对方时，既要表明你已经理解他所说的话，又要确认你立场坚定。

路易丝："你可能确实有家庭作业要做，但我还是需要你现在就把碗洗掉。"

艾莉："他人或许不觉得这是个问题，但我还是想要你们退款。"

西奥："外面可能确实很冷，但我不想让你在屋里抽烟。"

萨拉："我知道你很失望，但我今晚实在太累了，不能去看电影。"

当然了，他人可能会觉得你很固执，甚至认为你在操纵他人。但是当你坚定果断地设定底线时，你就要对结果负责。你已经准备好承担后果了。

设定底线

1955 年，因为罗莎·帕克斯在亚拉巴马州的一辆公共汽车上拒绝从为白人保留的座位上站起来，所以她遭到了逮捕并被罚款。

在多年以后的一次访谈中，罗莎解释说，尽管她并没有预先策划要这么做，但是当事情发生时，她决定捍卫自己的权利，并对结果负责。

问：做这么勇敢的事，你当时感到害怕吗？

答：不，事实上，在那个特定的时刻我并不害怕。我下定决心要让世人知道被用那种方式对待的感觉——那种被歧视的感觉。当时我主要是在担心这会给我造成多大的不便比如这可能会让我没法回家、没法工作，这些我没法预料。所以当我意识到这一点时，我决定面对它，而被捕则是一个相当大的挑战。我并不知道接下来会发生什么。我没有觉得特别害怕。与其说我感到害怕，不如说我感到恼怒。

问：你知道如果你不让座就得去坐牢吗？

答：当司机说要让人逮捕我时，我就知道我要坐牢了。我并不喜欢坐牢，但我愿意让所有人都知道，在这样的种族隔离制度下，黑人已经忍耐了太多、太久了。

问：当你被要求让座时，你有什么感受？

答：别人叫我站起来，说座位不是我的，这让我感受不太好。我觉得我有权坐在原来的座位上，这就是为什么我告诉司机我不会站起来。我相信他会逮捕我。我那么做是因为我想让那位司机知道，我们作为个人和种族受到了不公平的对待。

问：当你第一次得以坐在公共汽车的前排时，你有什么感受？

答：我很高兴公共汽车上的那种待遇（即法定的强制隔离）已经结束了……"寿终正寝"了。这确实是一件相当特殊的事情。不过，当我知道抵制已经结束，我们将不再在公共汽车上受到欺凌时，那种感受可比我们备受欺凌时要好多了。

当然了，在你捍卫自己的权利时，你是不太可能面临逮捕的，但是罗莎·帕克斯的故事确实表明，当你为自己设定了底线并对结果负责时，就可能带来积极的变化。

解决方案和后果

你的底线和边界也可以帮助你决定，如果对方不肯与你合作的话你会怎么做。这并不意味着发出要惩罚对方的威胁或警告，因为威胁会导致情绪升温，使争吵更容易发生——它意味着提出一个解决方案，一个针对问题的具体答案。这样做代表着你是控制者，因为你已经决定了如果对方不合作的话你会怎么做。

例如，路易丝告诉杰米，如果他不在出门前洗好碗，她就不会开车送他去参加派对。而萨拉决定，如果她的朋友利兹固执地要求去看电影，她就告诉利兹自己感到不胜其烦，请她别再唠叨了。

解决方案和后果不同于威胁或惩罚。威胁是一种警告，表示将有不愉快的事情发生；惩罚是对某人进行"报复"——由于觉得某人对你"做"了什么事，所以你要去伤害他。而解决方案是针对某一情况的具体回答；所谓后果，则是一种合乎逻辑的结果。解决方案和后果是由对方的作为或不作为自然引发的。

例如，当你收到违章停车罚单时，这不是对你做错了事情的惩罚，而是（地方立法部门）解决当地停车问题制定的方案，（对你而言）也是糟糕的选择和决定所导致的一个后果。

当路易丝向她的儿子表明一个后果时，这是由他的选择和不作为自然引发的。解决方案不是把他的手机没收一周（这是惩罚性的、不合逻辑的），而是不开车送他去参加派对，从而把节省下来的时间用于自己洗碗。

你要花时间思考解决方案和后果，而不是做出下意识的反应，哪怕这意味着你得告诉对方你准备花时间思考自己要做出什么回应。

你需要问自己的最重要的问题是："我想在这个问题上

取得什么结果？惩罚还是解决方案？”

○ 对结果负责：不要责怪对方

如果你坚持自己的立场并守住自己的底线，那么就会出现很多可能的结果。对方也许会合作，也许不会——他们可能会感到愤恨，也可能会生闷气、发火或泫然欲泣。他们可能会不再和你说话，或者告诉所有人你是一个十分糟糕的人。你可能会获得惊喜，也可能不会。如果你坚持自己的立场，就会带来一些后果，你必须接受这一点。

“如果你坚持自己的立场，就会带来一些后果，你必须接受这一点。”

当你不能称心如意时，你是不是经常会责怪他人？“他太不讲理了”“这是他的错”“是她逼我这么做的”——停！当你不能称心如意时，不要责怪对方。

责怪对方绝不可能让你对当下情况产生什么结果有控制权。事实上，它的作用恰恰相反——这意味着你放弃了控制权，而对方可能获得了最后的话语权或决定权。

如果你对结果如何无所谓，那就没关系，但如果你试图将事情没有按照你希望的方式发展归咎于他人或外部因素，那么你就是在浪费时间和精力，而这些时间和精力本可以用来获得更积极的结果。

你对自己做出的每一个回应和决定都负有责任，当你对这一点进行合理化并加以接受时，你就处于一个幸运的位置，知道能决定结果的是你，并且也只有你。

例如，当艾莉意识到她的 DVD 无法换货或无法得到退款时，她没有坚持自己的主张，而是选择空手离去。艾莉没有责怪摊主不合作，她只是不想为了这件事把自己弄得很紧张。"事实上，我觉得我才是掌控局面的人，因为我选择了及时止损，避免生气。我放弃了。"

你可能认为，如果你选择从某种处境中撤出，就代表你软弱无能，或者说你会失去他人的尊重。事实正好相反——只要你承担离开的责任，你就是在展示你的自我价值、安全感水平，以及勇气。

一旦你在回应他人时愿意承担自己的责任，你很快就会发现自己能够更快地找到解决生活中各种难题的方法。

○ 不为自己的回应承担责任的后果

当你不愿意为自己的回应承担责任时，你要么可能变得挑剔和无法容忍他人，要么可能将自己视为他人行为的受害者。

认为对方应该受到责备是在暗示你自己是无可指摘的——是对方做错了事，而你没有做错什么。这种态度会导致一种被放大的自我意识。因为你对自身需求和感受的理解被放大了，所以你对他人的期望是不现实的，于是你会变得不耐烦、不宽容和难以满足。保持这种态度，你会发现要想获得对方的配合难上加难。你的人际关系将受到损害，用不了多久，你会发现很少有人愿意和你在一起了。

另外，如果你更倾向于被动行事，不为自己的回应负责（或者更确切地说，缺乏回应），那么你可能会将自己视为受害者——任由他人的突发奇想和需求摆布。

停下来，回想一下上一次你为某件事情承担责任时的情况。你觉得这么做很困难吗？一旦这种接受责任并应对其后果的习惯得以保持，你坚持自我主张和果断决策的能力就会被慢慢培养起来。

○ 不要感到内疚

你固然得对自己的回应负责，但你不必对他人的需求负责。未能坚持自己的立场，未能展开谈判，或者同意去做你并不想做的事情，这些都喻示着你可能是一个逢迎取悦者。逢迎取悦者倾向于承担不属于他们的责任，在划清责任界限的同时他们不可能不感到内疚。

如果你觉得自己有义务对某人的请求说"是"而不是说"不"，那么你可能制造出了一系列新问题，需要花更长的时间才能解决！

例如，尽管萨拉很想说"不"，但她还是同意和她的朋友利兹一起去看电影了。她没有承担说"是"的责任，而是在心里责怪她的朋友"逼"她出去。萨拉故意迟到，而且当电影散场时，她嘟嘟囔囔地说这部电影纯属"垃圾"。如果萨拉一开始就对外出的要求说"不",那么接下来的争吵本是可以避免的!

当你对某件事情说"是"时,你就是在对另一件事情说"不"。在萨拉的例子中,她的内心有个声音在告诉她自己有多累,而她却对这个声音说"不"。在做出选择的当下,向对方说"是"似乎是最容易或最方便的事情,但事后你却可能感到后悔。

要意识到你在"让自己"对什么负责。例如,如果你出于怜悯或同情而选择满足他人的需求,那么你的边界就不会遭到侵犯,你就不应该产生愤怒、沮丧或怨恨的感觉。相反,如果仅仅是为了避免内疚感而服从对方的要求,那么这可不是做事情的诚实基础或诚实动机。

理解"内疚"的确切含义可能会有所帮助。内疚代表着一种你犯了错误的感觉。你需要扪心自问:如果你坚持维护自己的权利而不服从他人的要求,那么你错在哪里?错在让对方失望了?如果你觉得自己要对他人的幸福负责,那么你会感到内疚也就不足为奇了。在你看来,你让他们失望了!

一旦你认可你没有责任满足对方的每一个需求,你就不再是逢迎取悦者了,也不会再因为说"不"而感到内疚。

当然,学会坚持自己的立场、相信自己的直觉,以及用尊重的态度反对他人的意见是一件很困难的事情。学会在说"不"的时候不感到内疚需要练习和勇气。但是从长远来看,在你不想做某件事时说"不"会让你远离很多麻烦。

要能够意识到自己那种"我对此不满意"的感觉。如果你认为同意做某件事会让你产生怨恨感，那么你就得诚实一点儿，要么妥协、谈判，要么直接向对方说"不"。守卫你的边界不是他们的责任，而是你的责任。

○ 在说"不"时不找过多的借口、不再三道歉

　　"不"本身就是一个完整的句子。

　　　　　　　　　　　　　　　　　　——安妮·拉莫特

　　在说"不"的时候一定要以"对不起，但是……"或者"我恐怕……"开头，但你只可以道歉一次。对方可能会对你有意见（例如没有人陪她去看电影），但是请记住，你没必要让她把她的问题变成你的问题。一句简单的"对不起，我太累了"就足够了。

　　在说"不"的时候，除了只需要道歉一次之外，你也只需要一个真实的理由。你应该说"今晚我不能去看电影——我太累了"，而不是说"我很想去看电影，但我太累了。我得完成一份报告，而且我感觉不太舒服。另外，我也不确定我老公能否及时赶回家带孩子"。如果你给出太多借口，那么你的回应的意义和价值就会显得不靠谱、不诚实。而且，这也会让对方有机会来破坏你的借口。例如："别担心，我会去接你，顺便把我的孩子送到你家，他已经十几岁了，可以照看小孩子了。或许我可以帮你完成那份报告。不管怎么

说，一部好电影会让你感觉好很多的！"如此一来，你还能尝试推脱吗！

你所需要的只是一个你想做或不想做某事的正当理由。记住，要表示理解对方的处境，但要坚持自己的立场："我知道你很失望，但我太累了，今晚不能去看电影。"你应该通过你自己的表现好坏来判断你与他人的互动是否成功。即使对方没有改变，你也可以坦然脱身，因为你知道自己的行为符合坚定果敢的原则。

然而，请记住，坚定果敢的技巧需要花时间去学习，没有人总是能做对的。当你未能坚定果敢地进行交流时，最好的回应就是道歉。这至少为下一次进行更好的交流留下了余地。

言简意赅

如何说出你想要什么

- 辨识你的感受，以及你究竟想要什么。
- 说出你想要什么。
- 倾听并确认对方的回应。
- 捍卫你的立场，坚持要求你想要的。
- 妥协与谈判。

如何说出你不想要什么

- 留心你的感受。

- 说"不"。
- 倾听并确认对方的回应。
- 捍卫你的立场，坚持到底。
- 妥协与谈判。

重要提示

- 辨识并承认你的感受。说"**我**觉得"，而不是"**你**让我觉得"。
- 清晰、直接地说出你究竟想要什么或不想要什么。维护你的权利；设定边界和底线，知道什么时候要捍卫自己的立场。辨识并守住你的底线将使你能够选择做什么、不做什么，在任何情况下都是如此。
- 倾听并对他人的观点和权利持开放态度。要遏制住退缩、争论或生闷气的冲动，表示理解对方的观点，并尝试与其进行谈判或妥协。以寻求解决方案和备选行动方案为目标。
- 时刻准备着承担说出自己感受和需求所引发的后果。无论结果如何，不去责怪他人。
- 不要为说出你想要的和不想要的而感到内疚，也不要找很多借口或再三道歉。

CHAPTER 4

第4章

如何应对他人的期望和要求

不要介意批评。如果它是不真实的,忽略它;如果它是不公平的,不要气恼;如果它是无知的,一笑了之;如果它是合理的,那它就不是批评,不妨从中汲取教训。

——马克·吐温

想象你在办公室里工作，有一天上午，你收到了这样一则信息：

"巴恩斯先生让你下午2点钟去他的办公室里见他。千万别迟到。"

假设巴恩斯先生是你的上司，你会有什么反应？

你的第一反应是："不知道我做错了什么？"

或者："他是不是打算给我那个我一直梦寐以求的升职机会？"

还是："真有趣。我很想听听看他会说些什么。"

我们在自己授课的班级中尝试想象过这个场景，几乎无一例外地，大家的第一反应都是认为自己做错了什么。一位女性说，光是听到这句话她就已经感觉不适了。

接下来要想象的是，在你去见巴恩斯先生之前，你将如何度过接下来的三个小时？当你的大脑开始超速运转，回忆起你近期表现出来的所有缺点和失败时，你是不是会发现很难集中注意力工作？你会不会开始搜罗备用的"借口"（比如近期遭遇的丧亲之痛、疾病、搬家或与伴侣分手）？你会不会向同事们提起这件事，并询问他们是否知道老板可能是为了什么事情要见你或者他眼下的心情如何？这会不会破坏你的午餐时光，让你要么吃不下东西，要么狂吃下很多"安慰"食物和甜食？

如果上述任何（或全部）描述符合你在这种情况下可能采取的行为，那么你会发现很多人其实都和你一样。接受批评是坚定果敢行为的一个方面，几乎所有人都觉得这很困难。注意，在上述例子中，正是对批评的恐惧让你如此焦虑——你甚至还没有听到上司要说什么。

"正是对批评的恐惧让你如此焦虑。"

我为什么会有这种反应

当你回顾自己的人生时，你可能还记得受到批评时的情景。孩子们每天都可能会受到批评。在家里，他们会因为对兄弟姐妹们刻薄、不按照要求完成任务、弄坏东西、不讲卫生、不好好吃饭、不遵守用餐礼仪、不肯分享玩具而被训斥——事实上，他们在行为和外表的任何方面都可能会受到批评。

你可能还记得上学时作业本上的评语，"这真的不够好"。或者，更糟糕的可能是，"你本可以做得更好"（如果你努力学习的话）。许多人都记得自己某一回在学校里被训斥或批评的情景（特别是如果批评并不公正的话）。一些老师似乎认为，讽刺挖苦是维持课堂秩序的一种手段（当然了，前提是只有他们可以讽刺挖苦）。不少小学生提到自己在成年人面前保持坚定果敢是多么困难，因为对于他们试图做出的任何礼貌的辩解，成年人都会反驳："不许回嘴！"

你是否会害怕拿到成绩单？你是否会反复回味那些简短的、再普通不过的表扬？你是否担心老师在家长会上如何评价你的作业水准和课堂行为？当没有外人时，你的父母是否会斥责你，重复他们所听到的批评，并且变本加厉地数落你？

除此之外，你还很可能在童年的某个阶段受到过霸凌，所以不难看出，成年人会对批评产生不好反应的原因了。有一些孩子会变得对批评无动于衷，因为他们知道行为不端是获得关注的一种万无一失的方式。然而大多数孩子都想讨人喜欢，所以会拼命去争取得到他们所尊敬的人的认可。

○ 你小时候受到过霸凌吗

有大约 80% 的霸凌行为采取了辱骂、嘲笑、吹毛求疵和口头辱骂受害者的形式（而身体霸凌则相对少见——即使在学校里也是如此）。在学校里，口头霸凌从中学一开始时就达到了顶峰，通常由同性别、同年龄的儿童施加。如今，我们还有电子霸凌，包括令人不快的短信、电子邮件、即时消息，这就意味着霸凌行为现在可以侵入家庭这个先前作为避难所的地方了。

如果你小时候受到过霸凌，那么你很可能并不喜欢谈论它，就连现在也讳莫如深。被霸凌这种事会让孩子们感到羞耻。他们会有内疚感，就好像这是他们自己的错。他们不愿意把这种事告诉任何人，因为他们感到绝望——任何人对此都无能为力，而且如果他们说出去的话，情况只会变得更糟。

很多儿童和成年人受到的家教告诉他们，人们彼此间理当采取礼貌行为，对他们而言，卑鄙的、攻击性的行为令他们无一例外感到困惑。如果你的家人总是以冷静和理性的交谈方式来处理问题，那么与那些唯一目的似乎就是用残酷的言论制造痛苦和折磨的人打交道，可能会令你感到大惑不解。

被霸凌的人有一种倾向，即认为嘲弄他们的人必定有这样做的正当理由，认为如果自己能够做出改变或变得更好，那么霸凌式评论就会停止。许多厌食症患者都可以将自己的饮食问题追溯到对他们衣服尺码的评论，选择做整容手术的成年人往往承认这是因为他们的鼻子或胸部受到了批评，另一些人染发或戴隐形眼镜则是因为在学校里有过被称为"姜汁饼干"或"四眼"的痛苦记忆。

如果你小时候确实受到过霸凌，那么这可能会给你的自尊感带来持久的影响。你可能已经踏上了新的人生旅途，并设法将过去埋藏在心底深处，可一旦有人不知何故似乎故意说了些让你感到不安的话，你就会重新沦为那个在操场上哭泣的孩子。

○ 职场霸凌

发生在职场甚至在家庭里的霸凌行为，与学生间的霸凌行为非常相似。对于成年人而言，不同之处在于，受害者的羞耻感和内疚感可能更强烈，从而导致他们保持沉默，并感到缺乏信心、绝望，有时甚至有自杀倾向。

在职场中，霸凌可能采取恐吓的形式，比如设定不切实际的最后期限，让你觉得为了生存下去你必须加班加点或把工作带回家去做。一直处于密切的审视之下是另一种形式的潜在压力，以及你的工作经常在其他人面前遭到批评。

兰开斯特大学健康和组织心理学专业的教授卡里·库珀对 5500 个在职场上受到霸凌的人进行了样本研究。库珀教授在《独立报》（*The Independent*，2010 年 2 月 23 日）上写道："无论采取何种形式，霸凌行为都会损害个体的自尊感、自信心、健康，以及在职场进行有效工作的能力。作为一个社会，我们不应该容忍这种行为。"

霸凌者之所以能在职场或学校里肆意妄为，必定有一个乐意接受攻击性行为的环境。这种行为可能是以竞争的形式出现的，同时存在培训不足，以及没有制定行为准则或行为准则形同虚设的问题。

遭到霸凌的人往往不能认识到上述行为实属霸凌，只是认为自己不够好，同时为了取悦他人，他们必须更加努力工作或做出改变。正如学生认为遭到霸凌是他们自己的错一样，许多成年人也在忍受欺辱，就好像他们不知何故活该被欺负。

○ 家庭霸凌

与此类似，霸凌型人格会在功能失调的家庭中如鱼得水。在成年人的人际关系中，一家名为"讲述"（Relate）的咨询组织将霸凌归类为家庭暴力，并表示有 1/4 的女性在遭受家庭暴力。

如果在（经济的或地位的）权力平衡中存在显著差异，那么有霸凌倾向的人就会利用这种差异。典型的策略是在其他人面前发表贬损性评论——**"用不着问她，她根本不懂"**。有些霸凌者只是不表达任何关爱。然而，和一个一连许多天闷闷不乐的人生活在一起，对精神的摧残不亚于身体虐待。

就像在职场一样，霸凌者要想取得成功，就必须有人肯接受他们的行为。容忍霸凌意味着你在传达这样的信息：以这种方式对待你没问题，而你也只配得到这样的待遇。同样地，保持沉默、不把他们的所作所为告诉任何人只会增强他们的力量和你的孤立感。这就是霸凌得以继续的原因。霸凌者是无法在健康的人际关系中运作的，在这种关系中，人们会相互尊重、相互支持。

霸凌者是如何养成的

有的孩子经历过一个实施霸凌的阶段，然后在成长中摒弃了这种行为，然而，另一些孩子则可能发现，攻击行为可以让自己得到想要的东西。当然，霸凌者并不会不断地欺负人——在很多时候，他们可能显得很聪明，跟他们待在一起会很有趣。学校里的老师们之所以未能意识到自己的眼皮底下正在发生霸凌行为，原因之一就是霸凌者可能是非常聪明和有魅力的人。

人们似乎认为，霸凌者能够洞悉自己的内心，准确地知道自己的致命弱点是什么——人们没有意识到霸凌者只是会利用他们高超的技能来观察何种刺激会引起何种反应。如果你点头大笑，他们就会尝试别的方式——在霸凌以外的情况下，他们感知他人反应的能力确实值得夸赞。一旦你脸红了，或者眼里充满了泪水，或者只要你的反应不是无所谓地耸耸肩，那么他们就知道自己已经找到了你的弱点。这不是魔法，这只是巧妙地运用精心调试的情感技能罢了。

导致人们去霸凌他人的原因是性格和经历的结合。作为一名老师，我一直对霸凌者的心理极感兴趣，一旦我能让他们敞开心扉、坦诚相待，他们往往都会承认自己在家里受到霸凌——被哥哥姐姐霸凌，有时甚至被父母霸凌。有些霸凌者则是单纯地缺乏同理心：他们在这方面未能成熟，也从未学会友善待人或是觉察到他人的感受。还有一些人只是简单地发现，霸凌是一种获得他们想要的东西的有效方式。

缺乏自信心的儿童往往渴望获得归属感，于是他们诉诸霸凌行为——因为他们害怕自己成为受害者。他们自动成了霸凌者。那些准备以这种方式把自己的道德顾虑抛在脑后的人在其他领域也更容易屈服于同龄人的压力，进而接触香烟、酒精和毒品。

有时候人们也会有样学样：如果一个男人看到他的父亲霸凌他的母亲并且没有受到任何惩罚，那么这就会成为他当"丈夫"时的榜样。如果一个老师自己当年的老师喜欢讽刺和嘲笑学生，那么这也会成为他的榜样。如果你的母亲总是对你大喊大叫，不停地贬低你，那么你可能会发现自己也在用同样的方式控制你的孩子。

成年人还可能将他们的霸凌行为带到职场中。如果他们从来没有遇到过对抗，或者从来没有理解过受害者的痛苦，那么他们就会认为这是正常的、正当的行为，能够取得效果。有些管理者根本不知道应该如何与人打交道，因为他们没有经验，也没有接受过培训。成年人实施霸凌的原因往往是工作负担过重，重到他们无法应对，而攻击行为则可以恐吓人们去做他们要求的事情。

○ 霸凌和批评的区别

了解并认识到霸凌和批评之间的区别是很有用的，因为这样你才知道应该如何应对。批评是对某人工作或品质上的优缺点的判断。如果任何人能够以这种方式评判你，就意味着他们与你存在个人关系，或者说他们在该领域具有某种专长。有效的批评可以发生在父母与孩子之间、朋友与朋友之间、配偶与配偶之间、教师与学生之间，或者管理人员与下属之间。

"批评"一词意味着某种不赞成的表达，比如，通常情况下，当某人批评你时，他的意图是指出错误、缺点或弱点（通常是在行为或外表上）。有时候人们提出批评只是一种批评（也就是表达他们的不赞成），或者是因为他们自己有不安全感，但这并不会使他们成为霸凌者，除非他们不停地这样做。建设性批评的目的是帮助你，以便你能采取一些措施。而且，如果你同意对方的意见，则可以做出改进。

然而，霸凌行为的目的始终是伤害和羞辱你。霸凌者不是试图指出你的错误，以便你能就此采取措施——他们往往会恐吓你，以便让他们觉得自己高人一等。试图取悦或安抚霸凌者是没有任何意义的，因为这只会赋予他们更多的权力，而他们则会利用这些权力来让你感觉更糟糕。

对于成年人来说，最常见的霸凌行为是蓄意且持续的伤害性评论。因此，如果有人发表了一次性的不友善言论，我们不会称之为霸凌——霸凌必须是在一段时间内持续发生的。另外，过于随意的言论也会让你觉得没有被照顾到，让人感到不快，比如有人问："你什么时候生孩子啊？"可事实是，你没有怀孕。对方认为你怀孕了会让你很难过，但让你难过并不是对方的本意，这不是故意的或持续的，因此不会被定义为霸凌。

过去曾遭受过霸凌的人几乎总是会对批评做出糟糕的反应，因为他们永远不会忘记受伤和耻辱的感觉。一旦他们处于一种可能受到批评的境地，他们要么会感到愤怒和充满敌意，要么会感到心烦意乱、泫然欲泣。

过去，霸凌是让受害者感到可耻的秘密。好消息是，如今霸凌已经被公之于众了。在英国，所有学校和大多数工作场所都制定了反霸凌政策，并设有全国性的反霸凌求助热线。这就意味着，如果一个人认为自己受到了霸凌，他就有权投诉，并期望人们（包括所有人，甚至是英国首相）采取一些行动。

"好消息是，如今霸凌已经被公之于众了。"

继续聊一聊巴恩斯先生

"巴恩斯先生让你下午 2 点钟去他的办公室里见他。千万别迟到。"

所以，巴恩斯先生召你去他的办公室，你在忐忑不安中熬过了见面前的三个小时。

他让你坐下，你努力让自己看上去很放松，并对他微笑。你注意到他的电脑屏幕上是你的一份报告。他站起来，开始在房间里踱来踱去。

"你在这里工作多久了？"

"哦，三年。"

"关于你的工作和守时问题，我跟你谈了多少次？"

"一两次。"

"我认为远远不止一两次。很简单，你做得不够好。你经常迟到，工作上马虎粗心。你有什么要为自己辩解的吗？"

这时，你会有什么反应？你会说什么？你能够冷静而坚定果敢地回答他吗，还是说你会感到愤怒？也许你想大哭一场，找借口跑出办公室？让我们看看其他的回应方式。

（1）攻击

"你怎么敢这样对我说话？那份报告没有任何问题——我花了好几个小时才完成它！不管怎么说，如果你不是总在最后一分钟才把事情交给我去做的话，也许我本会有时间进行修改。"

（2）间接攻击

> "哦，对不起，巴恩斯先生。我不知道我应该怎么想。"（心想：这绝对是我最后一次为他加班做任何事了。今后他可以自己泡茶，他不在办公室的时候我也不会再为他找借口了。）

（3）被动

> "对不起，巴恩斯先生。我会马上重写一份报告。我保证再也不会犯任何错误。从现在开始我每天会提前到这里。今晚我会熬夜把报告完成的。"

（4）坚定果敢

> "您能确切地告诉我哪里做错了吗？"
> "请看看所有这些错误。"
> "我看到有一些文字性错误——还有其他的吗？您希望我重做吗？"

○ 对批评做出反应

当你受到批评时，你会很自然地产生防御心理。关于为什么现在的你可能对批评过于敏感，我们已经讨论了其中的一些原因，但事实上，大多数人都不太能接受批评。当我们认为自己会受到批评时，就会产生焦虑感和防御心理，而这会导致我们反应过激。我们觉得批评等于排斥，就像小时候经历的那样。

你能否想到你小时候被贴上的任何标签？你是否曾被称为"笨蛋""自私鬼"，或者"懒骨头"？通常，在孩子们看来，这些标签不仅描述了他们是怎样的人，还代表着不赞成，或者代表着大人不再爱他们。当我们长大成人时，某些单词和短语会让我们感到充满自我怀疑和不确定性。

对批评的恐惧会阻止人们说他们想说的话、做他们想做的事、过他们想过的生活，以及成为他们想成为的人。成年人（和儿童）变得过度焦虑，渴望取悦他人，以免收到负面评论。父母为了不显得刻薄而屈服于自己孩子的要求；职员在办公室里逗留得越来越晚，以避免任何关于他们工作态度的批评暗示；青少年模仿朋友们的行为，以防制造出任何不赞成的感觉。

（1）攻击

以攻击的方式应对批评意味着拒绝倾听。你要么非常自信，认为自己绝对不可能犯错误，要么非常害怕，表现出一种不假思索的、习惯性的反应。

攻击型人士的下一步是立即否认批评，然后对批评者进行充满敌意的攻击。（**"不管怎么说，如果你不是总在最后一分钟才把事情交给我去做的话……"**）

后果会是什么？ 这几乎肯定会演变成一场争吵，一场大喊大叫、会引发很多不良感受的争吵。或许这样一来你就不会被要求返工，但你的前途却可能受到影响。以这种方式做出反应的人往往会任意宣泄自己的情绪。毫无疑问，他们的同事、朋友和家人也会受到他们敌对情绪的折磨。

（2）间接攻击

很多时候，当事人双方都不会意识到间接攻击的行为方式。你对批评感到怒不可遏，但你却保持微笑，似乎正在虚心接受，与此同时，你的内心在沸腾，在策划报复。（**"这绝对是我最后一次为他加班做任何事了……"**）

后果会是什么？ 这种反应似乎能够令双方都感到满意。然而，它最终会让你感觉很糟糕。感受到一种情绪，然后以一种截然不同的方式行事，这是虚伪的做法。报复只能带来一时的快感，却可能产生各种持久的影响，而且它意味着你开始成为对方眼中不可信任的人了。

为人真实是让自我感觉良好的途径。 要以一种你真诚信奉的诚实方式行事，这也会让你为自己感到骄傲。

（3）被动

被动型人士会不加置疑地接受批评。他们倾向于相信，如果有人对他们做出了什么评论，那一定都是真的。他们会自我怜悯，"这不是我的错。没有人知道我过的是什么日子"，或者内疚，"我知道我很懒，工作不够努力"，或者失去自信，"我这个人不可救药了。我无法胜任这份工作，我显然不够聪明"。

后果会是什么? 被动型人士很少为自己辩解,因为他们害怕冲突,担心其他人会不喜欢他们。然而,事实往往是,正是他们的被动性让人感到恼怒。为了抵挡进一步的批评,他们会做出不切实际的承诺:**"我会马上重写一份报告。我保证再也不会犯任何错误。"**

被动型人士会激发某些人表现出最坏的一面,因为他们允许后者尽情发挥自己的霸凌偏好。事实上,与被动型人士保持关系是相当困难的,因为你必须不断地核实某样东西是不是他们真正想要的。

他们常说的一句话是:"不,你来选吧,我无所谓。"这可能非常令人恼怒,并导致对方做出被动型人士从一开始就竭力规避的那种反应。在职场上,老板可能会喜欢有很多被动型员工,但是说到底,这并不是一种能够促成良好工作实践和有效人际关系的秘诀。

(4)坚定果敢

坚定果敢型的人会倾听批评,要求获得更多的信息,比如,**"您能确切地告诉我哪里做错了吗"**,然后,判断批评是否成立:**"我看到有一些文字性错误"**。

坚定果敢需要勇气:这意味着欢迎具体的批评,或许还得准备好承认事实的确如此。但是你又不会因此而死去,所以,有什么是真正需要害怕的呢?

你是一名成年人,应该要培养成年人的自我意识。这意味着你可以倾听他人对你的评价,而不会做出幼稚或不恰当的反应。这还意味着你充分意识到自己有权受到尊重，有权说"我不知道"或者"我犯了个错误"，同时你并不认为这就说明你不可救药或者是一个可怕的人。

○ 如何接受批评

1）确保你的精神状态良好。在什么都不清楚的情况下，不要将事情到处宣扬并提前让自己陷入某种状态。如果可能的话，出去散散步，或者仅仅是呼吸新鲜空气。

2）提醒自己最近受到过的所有赞美。保存那些对你的工作表达感谢或致敬的电子邮件和便笺是个好主意，无论它们写得多么随意。它们可能会派上用场，但最主要的是，它们能让你自我感觉良好。写下他人对你的赞扬——立刻就做。在你的电脑上为它们创建一个文件夹。

3）采取主动行为：记住你的肢体语言。自信地走进办公室，直视巴恩斯先生的眼睛并和他握手（如果这么做合适的话）。感谢他抽出时间来与你谈话或给你机会与他交谈。

4）如果批评过于笼统，就询问更多的信息；如果你真的听不懂对方在说什么，请对方举例说明始终是个好主意。这叫作**负面询问法**（negative enquiry），即积极地鼓励对方做出批评，以便利用它（如果批评是有益的话）或消耗它（如果批评是操纵性的话）。

5）诚实地做出反应："你的话让我感到有点震惊，这引发了我很多思考。"

6）如果需要的话，请求对方给你时间进行考虑："这件事情我稍后再回复你，可以吗？"（但一定要确保你**确实**会进行考虑——如果你把事情抛到脑后，然后避开对方，指望他能把这件事情忘记，那么请求他给你更多的时间就是毫无意义的做法。）

○ 下一步

判断批评是否成立

学会坚定果敢意味着检视你通常对批评是如何做出反应的。大多数人发现他们最初的反应是防御性的。一旦你意识到这一点，你就可以阻止自己这样做。只要你继续对批评做出防御性反应，你就会继续感到心烦意乱，并发现自己与某些人之间的关系非常不友好。

放松自己，让自己去倾听对方究竟在说什么。用自己的话对批评进行复述，以便你们双方都能确定这里面不存在误解。深呼吸，保持冷静。

一旦你将这些付诸实践并且不再立刻为自己的行为辩护，你就可以认真考虑批评是否合理了。如果你仍想不出所以然，就回忆一下先前是否也有人向你提起过这些。你还可以考虑一下批评者的资格——他们了解情况吗？

如果批评成立

1）坚定而自信地接受批评，"是的，我最近迟到了"。

这叫作**否定断言**（negative assertion），即通过表达强烈赞同并认真思考对你负面品质的批评来接受你的错误和缺点。对于批评者而言，这很容易让人解除疑虑。（**但是**，要确保你没有自贬，用胆怯的态度说"我知道我话太多"与用自信却诚实的方式说"我确实喜欢说很多话，特别是在我焦虑的时候"是两回事。）

"对于批评者而言，接受你的错误和缺点很容易让人解除疑虑。"

2）决定你打算采取的措施，"我正在努力让自己更守时"。（如果你不准备做出改变，那就说出来——但是要承担后果。如果你私下里很喜欢自己性格的这一方面，就不要道歉，"是的，我不修边幅。我认为这很有创意"。）

3）如果你认为对方批评得对，但想不出该如何改正，那就向对方寻求帮助，"您说得对。您能向我提供改进建议吗"。

4）感谢对方提出的建设性批评，"谢谢您抽出时间与我讨论这件事"。

5）一旦对方平静下来，并能听进你说的话了，你就可以简短地为自己辩护一下了，"有时，我觉得我没有足够的时间写报告"。不要抱怨，也不要扮演受害者——"**可怜的我**"，你只须自信地说出你的想法。不要喋喋不休地做充满自我批评的合理化陈述或讲述各种借口。（在你进行自我辩护之前，说下面这番话可能会比较有用："要对你说这些让我觉得很紧张，但是……"然而，这话只能对你认识和信任的人说。）

如果批评不成立

1）坚定而自信地拒绝批评，"不，这根本不是真的"。（如果批评过于笼统，比如说你懒惰、刻薄、不可救药等，你**总是**可以这样回应对方，因为那些话只是一种贬低。）

2）用"我"而不是"你"作为主语来回应，"我认为这是一个误会"，而不是"您完全弄错了"。

3）如果你感觉自己被批评吓到了，就说"您能再说一遍吗"，或者说"我不明白"。这是很有用的，因为这会让对方不得不重新说一遍——通常他们会变得更冷静。

4）如果批评有一部分是正确的，就对批评表示同意，但需要对其加以限定，"我偶尔开会迟到，但上班从没迟到过"。你还可以试着说"我认为这么说不公平"。

5）如果你的批评者说话又快又大声，你可以压低嗓音慢慢说。再一次，你的肢体语言和语调在这里是最重要的，同时要确保你不会因为被不公平的批评刺痛而做出具有攻击性的回应。

6）有时，当你对受到的批评感到困惑时，你可以试着重新表述，看看批评是不是实际上适用于批评者本人。所以，如果有人说"你非常在意钱"（但这不是真的），考虑一下你是否曾经认为对方有一点儿吝啬。如果你想就此展开争论，你可以指责对方虚伪，但如果不是这样，你可以简单地说"那不是真的"，或者说"其实我是一个很慷慨的人"。（如果对方是亲密的朋友或家庭成员，你可以等到自己不那么愤怒的时候再回到这个话题上，并就此进行坦诚的对话。问问批评背后的想法，"你是不是在为其他人或其他事情感到生气"。）

如果批评不期而至，我该如何阻止自己哭出来

> 我们所有人都很喜欢数落其他人身上那些我们自己也有却很厌恶的东西。
>
> ——威廉·沃顿

在大多数被批评的情况下，你事先都会预料到（至少有一半预料到）批评会降临。这是因为你已经知道你的老板、同事倾向于批评你的工作，或者你的朋友、搭档总是会批评你。如果你创造了某样东西并展示给他人看，那么你就应该预料到可能会受到批评，因为这是你主动招来的。

> 自信的人实际上会主动招来批评。在校园里，成绩优异的学生往往对表扬不屑一顾，他们想知道究竟如何才能改进自己的学习。

> 类似地，如果你的恋情正在经历困难阶段，你可能需要认真坦率地讨论一下你能做些什么来渡过难关。这需要勇气，但是许多恋情破裂都是因为人们想当然地**假设**对方知道自己是在为什么感到烦恼。
>
> 大多数分歧都源于未说出口的假设。有时候，对方不够坚定果敢，未能将批评说出口，这时可能需要你去帮助他："我知道最近我经常外出，这是不是让你感到恼火？"即使没有问到关键点上，你也可以开启讨论，让对方有机会说出自己的想法。

一旦你学会了如何对批评做出反应，并且进行了大量练习，那么你将能够对不期而至的批评做出恰当回应，就好像你早已做好准备一样。

另外，下面列出了一些回应方式，当那些伤人的评论让你完全猝不及防时，你可以用它们进行回应。

（1）当有人评论你的外表时

当被问到"你剪头发了"时，你只须说："对。"然后换个话题。不要说："是的，你喜欢吗？"

或者，当对方说："你不觉得这对你来说过于年轻了吗？"你只须说："**不觉得**。"然后换个话题（你的语调可以在具有攻击性的"不"和坚定果敢的"不"之间做出区分）。如果你同意对方的观点，你甚至可以面带微笑，坚定果敢地说："是的。"

或者，当对方说"你不觉得这过于短了""这让你看起来很胖""领口太低了吗"时，你要坚定却友好地说："不，我不觉得。"不要让自己陷入争论，必要时重复说"不，我不觉得"。（再一次强调，回答"是"也是可以的——只要你不为此表露歉意，也不去添加任何带有焦虑的解释。）

（2）如果有人对你所做的某项工作（如装修房屋）发表了贬损性评论

当有人说"这里好像缺了点儿什么"或者"哎哟，那边出了什么问题"时，要么无视他的评论，就好像你什么都没听到，要么告诉他你的感受："说这么刻薄的话可不太像你啊！"（你还可以加上一句："你是不是感觉不舒服？"但我认为这么说有讽刺挖苦之嫌。）你还可以用这句话来对付那些对你外表进行攻击的评论。千万不要落入自我贬损的陷阱。

（3）如果有人批评你的行为

试着以夸张的自嘲形式表达幽默，这对呻吟抱怨的孩子尤其管用。当孩子说"你太小气了，居然不给我……"或者"为什么我不能有……"时，你只须说："因为我是一个非常可怕、恐怖、刻薄的家长。"然后哈哈大笑。

有一次我听到一位老师批评另一位老师没有详细的教案（因为他想借用教案）。当被问及为什么没有教案时，另一位老师笑着回答说："因为我是一个令人厌恶的老师。"当然，对方立刻表示不认同这一说法，并试图收回先前说的话。

然而，当有人出其不意地打击你时，你可能很难总是做出坚定果敢的回应。如果你突然哭了或者发火了，不要太难过——你也是人，而自卫则是一种很自然的反应。如果你已经很累、很沮丧或感到不舒服了，这一点尤为正确。

即使你在回应时表现得很坚定果敢，事后你也可能感到不安。向一位亲密的朋友诉说可能会有所帮助，但是不要让自己继续为此而烦恼。先确定你已经尽了最大努力，然后向前看。

如何应对霸凌者

一旦你已经掌握了本书中让人变得坚定果敢的技巧，你就不太可能遭到霸凌。霸凌者能够凭借第六感察觉到你最脆弱的地方，并会利用其来增强他们的自尊感。坚定果敢并不意味着人们不再对你刻薄或不再做出残酷的评论，但它意味着你将有能力应对他们，而不是任由他们让你陷入浑身发抖的崩溃状态或悲惨绝望的愤怒状态。

永远不要试图去安抚霸凌者，或通过对他们示好来讨他们欢心，因为这样一来他们就会知道他们有压倒你的力量。如果他们是陌生人，可以直接无视他们（但要表现得自信，不要低垂着头、目光躲躲闪闪）。

- 将幽默作为武器。对霸凌者的评论加以嘲笑是最坚定果敢的回应方式（如果可能的话，让其他人也加入你）。这不会让你受到霸凌者的青睐，但你的目的并不是要获得他们的青睐。

- 使用**否定断言**的技巧，即同意他们说的话，"是的，我就是这样"。或者说，"我会记住的"。(不要重复嘲讽的话语。)
- 如果你在工作中遭到霸凌，那就查询你们公司的反霸凌政策并且走程序。你有权这样做。
- 如果你正在遭到家人或朋友的霸凌，那就选择一个时间让他们听你说上十分钟。冷静、诚实、不带夸张地解释你要说的话。用"我一直感到……我希望你们……"作为开场白。
- 为了你自己的心理健康考虑，或许你得做出决定，如果他们不停止的话，你打算采取什么备选措施。你不必告诉他们这一点，但如果霸凌行为没有停止的话，事先想好你将采取什么措施是很有用的。

给予建设性批评

当我们要求学生根据自己的感觉给坚定果敢的不同方面进行困难度排名时，给予和接受批评总是被评为最困难的。大多数人认为接受批评比给予批评更困难，但是经过更仔细的询问，我们发现这通常意味着他们只是单纯地避免批评他人罢了。换而言之，对于一个非坚定果敢型的人来说，批评他人极其困难，于是他们只是保持沉默，不去提让他们感到恼怒或不安的事情。

请记住，如果他人的行为伤害、烦扰或冒犯了你，你有权要求他们改变自己的行为。

想一想最近你和某人之间发生过节或问题的情形。你对此是怎么回应的？

攻击：你怒不可遏，用滔滔不绝的辱骂对抗他。

间接攻击：你在背后对他进行了讽刺、挖苦、刻薄的评论。

被动：你避免直接与他打交道，却对其他人抱怨了这种情况。

坚定果敢：你表达了自己对其行为的感受。

现在你已经检视了自己对任何批评暗示的反应，所以你应该可以理解自己为什么无法以一种坚定果敢、非攻击性的方式批评他人了。你之所以不想多"唠叨"或批评他人，是因为你害怕对方的反应。

一言不发的后果是什么

为了维持太平而什么都不提、不捍卫自己的权利，这不会让你的感受自动消失。事实上，压抑负面情绪反而会让怨恨加剧和发酵。

你越是忽视看似微不足道的伤害和烦恼，它们就越容易随着时间的流逝累积起来，然后和着怒火和悲愤之情一同爆发。试图对它们装出勇敢的样子，把自己的感受推到一边，继续保持令人愉快的姿态；这必然会导致紧张、压力，以及随之而来的健康问题。

让我们想象一下，你的伴侣说："你不太会做饭，是吗？"这让你感觉受到了伤害，因为你一直工作到很晚，买了一顿现成的饭菜，准备好并端上桌，中间没有任何人帮助你。但你什么也没说。

周末你们一起外出，他遇到了一些朋友，却没有介绍你，也没有让你参与他们的谈话。但你什么也没说。

你提醒他做一些琐碎的家务事（比如把垃圾扔出去），但他忘了，没有带走垃圾就出门了。于是你必须穿着睡衣去做这些事。但你什么也没说。

你们本来应该存钱的，他却买了一盒DVD。突然间，你怒火中烧，大发雷霆。于是他感到很困惑："你怎么了？买这些并没有花多少钱。"

如果你意识到自己有这种小事化了的倾向，却发现自己每次都感到愤懑，那么今后就试着用更为坚定果敢的方式大胆直言吧。

○ 在对他人做出反应时尽力保持一致

怀恨在心会破坏个人和工作关系。有些人觉得批评朋友和家人很容易，却放任同事做出无礼的行为或发表不尊重他人的评论（另一些人则恰恰相反）。

"怀恨在心会破坏个人和工作关系。"

为什么你会觉得在某些情况下提出批评比在其他情况下更容易些？如果只是因为你知道你可以对你的父母、伴侣、孩子畅所欲言，而职场中的人则可能受到冒犯，那么你可能需要检视一下原因。不在乎自己对某人说了什么话——只因为对方是家人，不能拿你怎么样，这会让你有点儿像霸凌者。反过来说，因为担心自己的批评可能引起不安或让他人不喜欢你，所以不说出自己想说的话，这又有点儿太怯懦了。

如果你认为你有权要求某人改变其冒犯行为，那么你在家里家外都有这个权利。提出批评的技巧是一样的，无论你的批评对象是谁。不要让恐惧阻止你去做或去说你明知道是正确的事情。

○ 帮助他人变得坚定果敢，你就会收获双赢局面

给予建设性批评表明你重视对方，以及你们之间的关系。就他人的行为做出直接、坦诚而具体的反馈是有益的，有助于建立起更好的工作或关爱关系。当然，对方可能并不坚定果敢，对批评的反应很拙劣。但这并不意味着你应该回避你想说的话，只不过你必须仔细考虑你究竟想说什么，以及你应该用什么方式去说。

- 在批评某人之前，先检查一下自己的动机。如果你仅仅是想抱怨某样东西（例如餐馆里的食物），这没什么，但是如

果你希望对方做出某项具体的改变，那就要确保自己具有灵活性，并向对方表示一定的尊重。你的意图是让对方改变其行为，而不是羞辱他。

- 选择合适的时间和地点。尽管有事最好能立刻说出来，但有时时机可能并不合适，特别是有其他人在场的时候。如果其他人也会听到自己被批评了，那么大多数人都会采取自我防御的姿态。（这就是为什么一些孩子遭到训斥后在课堂上依旧表现恶劣的原因之一。）

- 不要让事情累积起来，别以为即使你什么都不说，事情也会发生改变。事实上，你很少能如愿，情况只会越来越糟。当你能感觉到某人的行为开始让你烦恼时，最好尽快解决它。你对此人应负的责任是防止自己累积起对他的怨恨，这其实就意味着你尊重他的权利，因为忽视他的行为只会对你们双方都造成伤害。

- 如果在你尽最大努力表达你的不满之后，一切依然没有改变，那么你可能需要重新审时度势。这是对方能够改变的，还是对方个性的一部分？有些人对批评的反应很恶劣，他们可能需要获得更多的帮助才会知道该怎么做。

○ 提出批评的 6 个步骤

（1）试着在批评的同时指出对方的一些长处

对于不喜欢接受批评的人来说，这是一种特别有效的方法。比如说："我很欣赏你愿意工作到很晚的态度，但是……"（你可以使用"肯定－否定－肯定"公式，即先说一些肯定的话，然后说一些否定的话，最后再说一些肯定的话。不过要小心。如果你过于死板、过于频繁地使用这个公式，对方可能会意识到你想做什么，于是无可奈何地等待你说出"但是"。）

（2）批评对方的行为本身，不做人身攻击

要记住你在关于如何接受批评的章节中学到的，给人贴上诸如"你很卑鄙""你是个自私鬼"的标签是不可接受的。

所以，不要说"你完全不可靠"，而要试着说"这周你迟到了两次"。

（3）表达你对于对方行为的感受

不要说"你似乎不在乎任何人的感受"，而要说"你当着所有人的面那样对我说话，让我感到很难过"。

但只有当你可以信任对方并想改善与其关系时，才可以说这些。

（4）闭上嘴巴，听对方说

再一次，要记住当你自己受到批评时的感觉：你想为自己的行为做出解释和辩护。当一个人提出批评时，往往会变得自以为是，并且在已经表明自己的观点后还会长时间没完没了地说下去。

如果有机会的话，对方可能会提供一些你原本不知道的信息，从而改变你的看法。你可以通过重复他的话来检验这一点："我理解得对吗？你是不是想说……"

（5）提出具体的行为改变，并寻求对方的同意

如果你只是一个劲儿地抱怨，或者你的批评过于含糊，那么对方可能不明白你到底希望他如何改变。如果他接受了你说的话（如果你不采用咄咄逼人的语气，那么这种可能性就很大），那么就请他提出改进建议。

不要说"你从来都不帮忙做家务"，而要具体一点儿"这星期你一顿饭都没做过，下周你哪天能做饭吗"。

（6）谈论后果

如果对方对你的批评的反应很恶劣，并且完全无视你说的话，那么你就需要决定如果对方不做任何改变的话你会怎么做。（这就像前面提到的，在对付霸凌者时有一个"备选"策略会很有用。）你不是要威胁对方，只是要控制局面。你可以决定自己将要做什么，而不必真的阐明负面后果："如果你继续迟到，那我将别无选择，只能采取进一步措施。"

或者，如果和一个朋友约会时他总是迟到，你可以说："我受够了你总是迟到（我想以后我会等你给我打电话了再出发）。"

如果对方认真听取你的意见，并接受了你的观点，那么你可以陈述积极的后果，并以乐观的语气结束谈话："如果你做饭的话，那就意味着你可以选择我们要吃什么。我非常高兴我们能够解决这个问题。"

重要提示

- 如果你在过去的大部分时间里都无法给予和接受批评，那么你是不可能在一夜之间做到这一点的。这需要练习。
- 不要试图同时去做所有的事情。
- 学会接受不完美。
- 如果你做错了，不要过于自责。
- 攻击和坚定果敢的一个区别是尊重对方。
- 尽可能言简意赅地说每件事。
- 如果对方进行争辩，你只须重复你说过的话。
- 如果你对可能发生的对抗感到紧张，那就事先找个人和你预演一遍。
- 不要积累怨恨，现在就告诉对方。
- 如果感到疲倦、沮丧或身体不适，那么你就很难表现得坚定果敢。
- 如果当时想不出正确的回应，你完全可以等到以后再说（如果届时你依然感到困扰的话）。
- 你可能会在提出批评后感到不安，担心对方不高兴，但这并不意味着你提出批评是不对的。

PART 2

第二部分

付诸实践

勇气是人类的首要美德，因为它使所有其他美德成为可能。

——亚里士多德

在研究了坚定果敢行为的各个方面之后，我们现在来看看如何将其付诸实践。如果你查看了自己在第 1 章的小测试中给出的答案，你就会意识到自己分别在哪些领域最坚定果敢和最不坚定果敢。我们将在第二部分的不同章节中探讨这些领域。书中的案例研究涵盖了坚定果敢的各个方面，从说"不"到接受批评。你还将从这些案例研究中看到一些建议，它们是关于如何以坚定果敢的方式应对小测试中列举的情况的。

当你了解并学会如何改变自己的行为，从而变得更为坚定果敢后，你就已经为进入旅程的最后阶段——决策——做好准备了。能够做出明智的决定，即那些经过深思熟虑、知道自己不会为之后悔的决定，是坚定果敢的重要组成部分。正如你可以采取一些简单而明确的步骤来帮助自己在与他人打交道时变得更加坚定果敢，你也可以学习一些逻辑步骤来帮助自己做出有效的决策。在第 13 章中，我们将仔细研究这些步骤，并通过参考前几章中的案例研究来讨论它们的实际运用情况。

CHAPTER 5

第 5 章

如何坚定果敢地与家人相处

幸福的家庭都是相似的，不幸的家庭各有各的不幸。

——《安娜·卡列尼娜》，列夫·托尔斯泰

现在回顾第 1 章中的小测试：你在家人面前有多坚定果敢？与你在朋友或职场领域的得分相比如何？有些人发现，在家人面前表现得坚定果敢很容易，但对糟糕的服务提出投诉却很困难。你可能会意识到，在某些家庭成员（例如你的孩子或姐妹）面前表现得坚定果敢很容易，但另一些家庭成员却能让你出离愤怒或倍感无助。

在本章中，我们将检视小测试中描述的一些情况，并探讨如何以坚定果敢的方式处理这些情况。

索取你想要的

莫伊拉是英国一家制药公司的销售代表。她有三个儿子（分别为 10 岁、13 岁和 15 岁）和一个新伴侣罗伯（他经常很晚回家）。她觉得自己承担了大部分家务事的重担，因为她是第一个到家的（而且她总是在罗伯回家之前就做好家务事了）。

莫伊拉越来越意识到她的伴侣无法向她提供帮助，并对此十分愤慨。她向其他人抱怨自己命不好，但在家里却喜欢进行含沙射影的讽刺或隐忍不语——因为这比陷入对抗更轻松些。罗伯到家时通常已经很累了。他觉得自己已经尽力了，他会倒垃圾、洗车，偶尔修剪草坪。他喜欢在周末放松，通常会在周六下午去看他支持的本地球队踢足球，还经常和朋友们出去喝酒。

你能根据第 1 章中的定义鉴别莫伊拉的行为方式吗？这是一种被动攻击行为：她通过事事亲为来避免冲突，同时通过她的坏脾气和讽刺挖苦来表达愤怒——她没有去解决问题本身，没有诚实地应对那些让她感到恼火的事情。

过去，莫伊拉曾试图让罗伯和她的儿子们分担更多的家务事，但她发现这种情况只维持了一段时间，然后他们便故态复萌了。她掉进了许多家长都没能躲开的陷阱：在孩子长大后继续扮演幼儿母亲的角色，虽然早已毫无必要。对她来说，事事亲为已经成为一种习惯，而家里的其他人求之不得。

莫伊拉可能感到内疚，因为她与孩子们的亲生父亲分开了，并让另一个男人进入这个家庭。她尽量不向任何人提出任何要求，以维持太平的局面。她可能感激罗伯愿意接受她现在的家庭成员，这使她不愿意向他索取更多。

○ 每个人都有权获得幸福

我们常常感到无法寻求帮助，因为在内心深处，我们觉得自己不配得到帮助。如果我们认为这一切都是自己命中注定的，只是努力去让身边的每个人都感到幸福，我们就会累积起怨恨，它最终会不可避免地爆发。

坚定果敢的做法是承认这些焦虑的存在，**并且**意识到我们有权索取自己想要的东西，也有权获得幸福。我们会表达我们的需求，并确保这些需求得到满足，而不会去担心后果。

○ 坚定果敢的行动

要想用坚定果敢的方式表达你的需求，可以先花一些时间来判定你真正想要的是什么。这做起来比听上去要困难，这就是为什么我们经常掉进被动攻击的陷阱。确保你会仔细考虑你想要的最终结果。如果做饭是你最喜欢做的事情，或者他人做饭你没法感到放心，那么要求你的伴侣周末负责做饭就是没用的。为了帮助你明确自己的需求，你可以试着写一份清单，列出所有你希望得到帮助的事情，然后判断哪些事情你觉得可以交给他人去做。

> "你可以试着写一份清单，列出所有你希望得到帮助的事情。"

当你准备好表达你的感受和需求时，**你所使用的语言必须表明这绝对是你自己的意图**。不要说"你让我觉得……"，而要说"我觉得……"。例如，莫伊拉可以说："我必须承担大部分家务事，我为此感到不高兴。"当你说出想要什么的时候，就必须说得很准确——准确地说出你的具体要求。就像莫伊拉可以说："我希望你每周四晚上做一顿饭。"

如果你真的不知道你具体需要怎样的帮助，你可以**邀请对方提出想法**："周末我感到筋疲力尽，因为我得做所有的烹饪和清洁工作，你有没有什么办法可以帮帮我？"要确保一次只要求对方做一件事情，因为如果你一次提出太多要求，你的信息就可能变得杂乱无章。用小步推进的方式做出改变总是更容易让人接受。

时机和肢体语言也很关键。仔细考虑什么时候是让你的倾听者参与的最佳时机，以及最富有建设性的时机。对大多数人来说，在一天紧张的工作之后或者夜深时刻都不是好时机。或许你应该先确定谈话的最佳时机——你必须把谈话设定为积极的讨论，而不是消极的抱怨，这一点很重要。

要确保你的肢体语言与积极的、致力于寻找解决方案的姿态保持一致——不要交叠双臂或把双手绞来绞去！试着采取一种开放的、欢迎展开讨论的姿态，而不要双手叉腰，因为这表明你预计对方会提出反对，并准备进行战斗。确保自己在微笑，不要看起来太严肃。你的目标是解决困扰你的事情，而不是陷入另一场争论。你的语调至关重要：它必须是安静而自信的，而不是哭哭啼啼的、刻意压低声音的，或者是气势汹汹的吼叫。

最后，**千万不要太轻易就放弃**。你已经提出了你的要

求，对方已经听到了，但这并不意味着会发生改变，或者会
持续发生改变。你可能不得不与长期形成的各种习惯做斗
争。你必须决定好，如果对方不配合的话，你打算说什么和
做什么。例如说："我们已经谈过了，我感到很失望。"或
者说："我注意到你并没有像你答应的那样……，所以我决
定……"在最后这个例子中，你不一定要说出下一步你决定
做什么，因为这不是一种威胁，而是对你自己的承诺（但是
要确保你的决定不会对自己有害）。

○ 谨记

当你得到自己想要的东西时，别忘了感谢和称赞——**所
有人都喜欢听到"谢谢你"和称赞**。

说"不"

戴维的母亲格洛丽亚曾经有过40多年幸福的婚姻，
但现在已经守寡2年。除了戴维，她还有一个女儿，如今
住在国外以及另一个儿子，刚刚娶妻生子。戴维住在她附
近，格洛丽亚在大多数日子里都会给他打电话，通常都是
找某种借口让他过去看她。

戴维知道母亲很孤独，但是他最近刚开始一段恋情。
他发现母亲对于他的依赖越来越让他恼火，但他又不愿伤
害她的感情。

戴维为他的母亲感到难过，并试图通过做他父亲生前在家里会做的事来帮助她。一开始，他很乐意这样做，因为他也很怀念父亲，并且喜欢和母亲分享对父亲的回忆。然而，最初的快乐现在已经变成了他难以改变的例行公事。他想花更多的时间去经营新恋情，但母亲却希望他随叫随到。如今他在被动地做母亲让他做的事，这就使他的新恋情发展得十分艰难。

在这样的困境中，你会有两个选择：一个是认定你宁愿维持惯常的生活方式，另一个是对此采取某种措施。无论你做出什么决定，都会带来一定的后果，但是做出决定总比放任事态恶化，然后将你的沮丧发泄在他人身上要好。

戴维意识到，如果母亲对他的依赖影响了他的新恋情，他会生母亲的气。他也知道他不想让母亲难过。他想告诉母亲，他不能这样频繁地去看她。

○ 坚定果敢的行动

如果对一位亲密的家庭成员说"不"让你感到焦虑、紧张或内疚，那么你可以这样开始："要对你说这些**令我感到很焦虑**，因为我不想让你难过……"或者说："我一直想鼓起勇气跟你说这话，但我真的不想……"或者说："说这话让我感到内疚，但以后我不会……"

如果对方表示反对，那就只需简单地说："**对不起，不行，我不能……**"你不必提供任何解释。如果对方试图说服你，你只须重复同样的话。有时，你可能不得不重复说五六次，他才能领会你的意思。一旦他认识到你是不会被说服的，你就可以提出一个对双方都很合适的折中方案了："但我可以在周六过去。"

当然，对方很可能会因为你没有以惯常的方式默然顺从他的要求而怨恨不已。他可能会向你发火或者和你闹翻。但是**你不必为他的行为负责**。你可以看到，以这种方式行事其实是想操纵他人。如果你屈服并满足他的要求，那么你就必须接受相应的后果。戴维意识到，只要母亲继续主宰他的生活，他的新恋情就不会有任何成功的机会。

○ 谨记

注意你的肢体语言和语调。仅仅是打算说"不"，并不意味着你必须气势汹汹或大吼大叫。要友善一点，毕竟对方是你的家庭成员，你最好与之保持良好的关系。

接受批评

蒂法尼和保罗最近购买了一套新公寓，他们正在以有限的预算进行装修。保罗的姐姐帕姆经常带着她的两个孩子来看他们。帕姆的丈夫杰克是一名房地产开发商，拜访次数较少，但是当他真的去拜访他们时，他总爱批评他们的努力。他就他们的装修开了很多"玩笑"，说些诸如"那些架子很快就会塌了"之类的话。

蒂法尼很讨厌杰克的评论，也害怕他来访。但她什么也不想说，以免惹保罗的姐姐不开心，所以她表现得很被动。保罗也对杰克的行为感到恼火，但是他比较有攻击性，过去曾与杰克发生过争吵。现在保罗的反应是，每当姐夫出现，他就把自己关在书房里——这就使得蒂法尼必须独自应对这种情况了。

此类批评的目的无非是贬低他人，或者让批评者自我感觉良好。有些时候人们真心认为自己很风趣，而当他人指出他们的评论有多伤人时，他们会感到十分沮丧。然而，杰克是一个霸凌者，他似乎很享受这样一个事实，即他可以如此轻松地激怒自己的小舅子。

○ 坚定果敢的行动

与杰克这类人打交道最好的武器就是幽默。当你感到愤怒时，很难做到幽默，但是蒂法尼和保罗其实可以为杰克的来访做好准备，并计划好对其必然会提出的批评说些什么。他们可以**商定一项策略，并对该场景进行角色扮演模拟**。如果你以前从未这样做过，你可能会觉得这么做很奇怪，但事实上，尝试做一些有趣的评论，事先练习你的站立方式，甚至是你的面部表情，都是处理让人感到难以忍受的情况的有用方法。

"与杰克这类人打交道最好的武器就是幽默。"

幽默的一种方式是**邀请批评**。比如，装修结束后，这对夫妇可以向杰克打开大门，并且笑着说："好吧，让我们速战速决，告诉我们哪里做错了。"你必须小心，不要流露出讽刺的语气，因为讽刺始终是攻击性的，是霸凌者的一种战术。你的语气和姿态可能会泄露你的真实感受。要对抗杰克这样的霸凌者，你必须做到直视他，放松肩膀，自信地说话。

你可以尝试**否定断言**的方法，即以一种热烈、愉快的方式同意批评："是的，我们只是初学者。我想等我们掌握窍门的时候，我们就要搬家了。"但一定要用信心十足的方式去说——如果你用踌躇不决、自我贬低的语气去说，那么霸凌者就赢了，以后每次来访时他都会继续招惹你。

霸凌者的意图是伤害和羞辱，但如果评论没有达到预期的效果，他最终是会放弃的。你可以**试着嘲笑**这种挑剔的评论，并且愉快地说："如果你说不出什么好话，那就什么也别说了。"如果你身边还有其他人，那你就更容易发笑并嘲弄霸凌者了。如果你确实有一位难对付的家人，那就试着说服一位朋友在其来访时和你待在一起，并向朋友简要说明你计划采取什么行动。

不要试图安抚霸凌者或与之争论。一旦你以防守或进攻的方式做出反应，他就会立刻意识到他已经赢了。他会继续进行挖苦，发表残酷的评论，因为这些已经产生了预期的效果——给你造成不适。通过躲到另一个房间来躲避霸凌者也是在向杰克这类人表明其拥有权力。保罗的行为其实是懦弱的，解决不了任何问题。

○ 谨记

家人是不会从你的生活中消失的。你要么被迫培养出一副厚脸皮，对他的评论无动于衷，要么下定决心说点什么。与其花一辈子时间试图安抚某人或避免冲突，不如着手处理这种情况。

> "与其花一辈子时间试图安抚某人，不如着手处理这种情况。"

接受赞美

唐娜是一位单身母亲，有一个孩子。她是一名全职助产士、学校董事，也是英国政治党派的积极成员。最近，在她去看望自己的父母时，父亲告诉她，他们为她感到非常自豪：他们钦佩她为改善他人生活投入了那么多的精力，同时也是一位慈爱、细心的母亲。

由于唐娜不习惯从父亲那里听到赞美，所以她马上做出不屑一顾的反应。她大笑着告诉他不要那么傻，因为她和他人没什么不同。对他人的赞美报以轻浮的言论是一种防御性的反应，通常是为了掩饰自己的难为情。拒绝赞美可能会伤害到对方，而且很可能意味着对方再也不会这么做了。

○ 坚定果敢的行动

对于这种体贴的赞美，最理想的回应是："谢谢你告诉我这些。你让我自我感觉很好。"

○ 谨记

面带微笑接受赞美，而不是皱起眉头。无论你感到多么难为情，都不要否认，只需说声"谢谢"。

给予赞美

纳塔莉有一个12岁的女儿，叫罗西。纳塔莉小时候遭受过霸凌，至今仍因自卑而痛苦。她竭力不让罗西遭受同样的痛苦，所以不断地赞扬罗西。最近她注意到，这么做似乎让罗西很生气。而且，尽管罗西能很敏锐地察觉到任何批评的暗示，但似乎很漠视纳塔莉的赞美和充满欣赏的评论。

大多数父母都希望孩子自我感觉良好，而且也知道表扬更可能激励孩子加倍地努力学习或勤奋练习。然而，不加分析的赞美和表扬可能带来不幸的后果。有时候，父母表扬孩子是因为希望孩子在自己想要有所成就的领域里表现出色。这可能导致孩子认为自己在某个领域天赋异禀，而事实上，他们在该领域几乎毫无天赋。

罗西之所以会注意批评而漠视赞美，是因为她听到的批

评通常更为具体，比如"你握小提琴的姿势不正确"，或者
"你的书写很不整洁"。与此同时，她听到的赞美却是重复
而含混不清的。

○ 坚定果敢的行动

泛泛的赞美只会让赞美本身变得毫无意义。告诉他人他
们工作做得很好或者他们看上去很棒是可以的，但是如果你
能**说出具体的、让你真正欣赏的东西**，那就更好了。说"我
很喜欢你用一种毫无刻意感的方式让这首诗押韵"比说"这
是一首好诗"要好。

这条原则对于成年人同样适用。在前一个案例中，唐娜
父亲的赞美是体贴而真诚的。这是一种值得给予的赞美，应
该被珍惜和铭记。

○ 谨记

人们经常忘记向家人表达赞美，就好像家人关系会让感
激和赞扬变得无关紧要。给予真诚而具体的赞美是促进家庭
和谐及激发自尊感的好方法。

重要提示

- 在你每一次漠视自己的感受时，你其实只是在把它们累积
  起来，待日后爆发。

- 大多数家庭成员会在很长一段时间内都是你生活中的一部分，因此，采取坚定果敢的态度面对他们往往比花一辈子时间避免冲突要好。
- 当然，我们并不能保证一定会成功，因为你无法改变他人的行为，但你可以改变你自己。
- 慢慢地你会发现，通过改变你自己的行为，家中其他人对你的反应将有别于过去：当你开始捍卫自己的权利时，大家不会再不拿你当回事。

CHAPTER 6

第 6 章

如何坚定果敢地与朋友相处

要求你保持沉默或者剥夺你成长权利的人都不是你的朋友。

——艾丽斯·沃克

你在小测试中朋友领域的得分是多少？或许，你拥有快乐、平等、相互支持的友谊，这些友谊从没给你带来过麻烦。但是，在通常情况下，坚定果敢地与朋友相处就像与不同的家庭成员打交道一样困难而复杂。

我们认为和朋友在一起时能够"做真实的自己"，但有时和朋友在一起时，我们会发现自己在扮演一个已不想再扮演的角色。这通常意味着我们已经习惯于一种亟须打破的行为模式。

在本章中，我们将研究与朋友相处时可能出现的各种情况，并提出一些坚定果断的处理方法。

说"不"

黛博拉多年来一直住在莎拉扎德的隔壁。黛博拉的孩子们都离家去上大学了，但莎拉扎德还有一个年幼的儿子，并且需要一些特殊的照顾。一个周六早晨，莎拉扎德敲开黛博拉家的门，问她能否在下周六帮忙照看孩子，因为她的丈夫已经安排好两人外出庆祝20周年结婚纪念日。

黛博拉一直期盼的同学聚会正好定在同一天晚上。她试图拒绝，但莎拉扎德哭了起来，说她的保姆病了，而她很难找到其他人顶替，因为她的儿子需要一些特殊的照顾。她让黛博拉想一想她们认识多久了，并且说她的儿子一直很喜欢黛博拉。最后，黛博拉同意帮她照看孩子。

想象一下，如果你是黛博拉，你会做何反应？这是一个典型的角色扮演练习，我们经常在关于坚定果敢的课上使用。班上的大多数人都说他们会让步，去照看孩子。即使在角色扮演中被要求说"不"，一些人仍然会被一个很有说服力的伙伴弄得筋疲力尽，最后说出"好吧"。我们习惯于把自己的愿望放在第二位，希望这样做能让我们成为有用的人，或者被其他人喜欢。

问题在于，默然顺从往往比坚定果敢更容易做到。说"是"已经成为一种习惯。人们期望你这么说。当你试图说"不"的时候，他们会愤怒，会试着用尽一切办法说服你改变主意，他们的招数包括发火、自闭、流泪，或者提醒你欠他们的，不一而足。

"说'是'已经成为一种习惯。人们期望你这么说。"

○ 你也拥有权利

提出要求的人会觉得他们有权向你提出，因为你是朋友（这个想法没错，但你也有权说"不"）。当然了，当有人要求你帮忙时，你有权以任何你想要的方式做出回应。在生活中有很多时候，我们会去做自己不想做的事情，只是为了表现得友善，而坚定果敢型的人就和其他任何人一样友善。然而，如果你发现自己**总是**在很想说"不"的时候说"是"，同时觉得他人在利用你，那么也许是时候进行一番全面分析并学习如何说"不"了。

○ 坚定果敢的行动

当一个朋友请求帮忙而你没有理由不帮忙时，那么当然了，这完全没问题。帮助他人会让人感觉很好，而且在最理想的友谊中，帮助是相互的。相反，如果你脑海中跳出的第一个念头是"不，我真的不想去做"，而且你对此没有任何疑问，那么你只须说："对不起，我不能帮你。"**你不必做任何解释。**

然而这通常不是一个明确的决定。黛博拉可以帮忙带孩子，但她更想去做另一件事情。如果人们已经习惯了你是一个容易受摆布的人，那么他们在放弃之前一定会努力搏一下。他们可能会问你，你有什么事情那么重要。这时候，千万不要告诉他们。因为无论你说什么，他们都会为你想出替代方案，你只会陷入另一场争论之中。

因此，当有人试图说服你时，**你只须重复一开始说的那句话**："对不起，我不能帮你。"或者说："对不起，这次我没法帮你。"有时候，你需要重复四五遍，对方才会明白你的决定并且放弃。

如果你被要求做某事，而你的第一个念头是："不，虽然我可以做，但我更想……"每当这个时候，**请对方给你时间考虑一下**。有时这只需要几分钟，所以就算你们是在打电话，你也可以几分钟后给对方回电。拿黛博拉的例子来看，她本可以说："你能给我些时间考虑一下吗？今天下午我会回复你的。"

如果你发现自己开始故态复萌，先说"是"，然后又后悔不迭，希望自己说的是"不"，那么你就可以说自己改主意了。你只须说："对不起，我改主意了，我不能……"一旦你已经说过"是"了，事情自然会更难办，但是作为一个坚定果敢型的人，你要知道**人是可以改变主意的**，而你并不会因此而变成一个坏蛋。

别忘了检查你的肢体语言：不要目光低垂，或者手脚不自在地动来动去。话要说得清晰而愉快。对方可能会掉眼泪，但你可以安慰他们而不让自己被操纵。有时，你不妨说："我已经考虑过了，但是……"这会有帮助，因为这样一来他们就知道不太可能说服你改变主意。当他们已经接受你不会让步这一事实后，你可以提出一个折中方案："如果你们能改变预约，我可以在周五晚上帮你们照看孩子。"人们总是喜欢抵制新想法，他们可能会因为你没答应他们的请求而生气。你只须说："不管怎么样，考虑一下吧。那个我可以做到。"

你可以做个决定，在接下来的几周里，每当你觉得自己即将对内心存有疑问的事情说"是"的时候，先停下来检查一下自己的动机，然后判断你这样做是否只是因为害怕对方不喜欢你。如果是这样的话，勇敢点，要么说"不"，要么说你需要些时间考虑一下。注意对方会用什么方法来试图说服你。在你习惯这么做之前需要练习几次，但最终你会发现，对方更倾向于将你视为一位有价值的朋友而不是一个蹭脚垫。

○ 角色扮演

对于所有难以应付的情况（即那些可能已经困扰了你一段时间的情况），你能找到的最佳应对办法就是让某人和你一起针对情况进行角色扮演。因此，如果一位朋友总是要你帮忙，你想说"不"却每每发现自己在说"是"，这时你可以找人扮演这位朋友，然后你练习说："不，对不起，我不能帮忙。"角色扮演对于我们在本书中描述的大多数情况而言都是一项有用的技巧。如果你找不到人来扮演，那就在镜子前面自己练习。

有些人发现在电话里说"不"更容易。试着利用电话推销员来进行练习，你只须愉快地说："不，谢谢，我不感兴趣。"然后放下电话，在他开始口若悬河地推销之前。

○ 谨记

做自己不想做的事情，其实际结果可能是你取悦了一个人，却在自己心里累积起怨恨——这将不可避免地对你们的友谊产生负面影响。

提出批评

　　丹尼和汤姆自大学起就是朋友。他们现在三十多岁了，偶尔仍会相约打斯诺克和去健身房。虽然他们都有类似的高薪工作，但汤姆开始发现，他经常得为两个人的开销付钱。最近丹尼也开始向他借钱，但汤姆不愿意跟他谈这件事，因为汤姆不想破坏他们之间的友谊。

　　汤姆知道丹尼向来很精打细算，但是汤姆最近开始为买一套公寓存订金。丹尼总是提议一起玩，但之后身上却似乎永远都不带一分钱，这让汤姆很恼火。到目前为止，丹尼每次借的钱都很少，所以汤姆一直告诉自己，没必要为了 10 英镑而失去友谊。当轮到丹尼付账时，汤姆试图通过开玩笑来提醒丹尼，可丹尼似乎完全没有注意到他的暗示。

　　金钱这个话题经常会在家人和朋友中制造出难题。这是一个人们不喜欢触及的敏感话题，因为大家都不想显得吝啬小气。然而，汤姆现在注意到丹尼每次和自己在一起时的行为，这影响到了他对朋友的看法。他没有去设法解决这个问题，而是开始寻找借口避免与丹尼见面。

　　汤姆的态度很被动，他在冒失去朋友的风险，因为他不知道如何才能恰当地表达自己的想法。提出批评可以表明你重视这段友谊，但你必须确保它是建设性的，而不仅仅是为了让自己感觉舒服点而侮辱对方。

"提出批评可以表明你重视这段友谊。"

○ 坚定果敢的行动

首先，你必须**确定自己到底要批评什么**，然后再决定你打算如何开口。这个需要仔细考虑，因为你可能得拿很多东西冒险（在这个案例中是长期的友谊），尤其是某人的自尊。说出你对谈话的紧张或焦虑程度通常是个好办法。如果你觉得很难表达自己的感受，那么最好先就你要说的话提出某种警告："我一直感到忧心忡忡，因为要对你说这些。"或者说："我不想让这个影响我们的友谊，但是……"

加入一些积极的话，比如："我们是多年的老朋友了……"或者说："我一直很喜欢……"然后再说出是什么让你感到烦恼。切记不要扩大化——**你要批评的是某种行为，而不是对方这个人**。因此，不要说："你在钱上面很吝啬。"拿汤姆的例子来说，他可以说："这些日子以来，我付的钱似乎超出了我应付的份额。"

然后给对方一个回复的机会。如果他满怀戒心，矢口否认，你也不要感到惊讶。大多数人都很难接受批评。如果他回答："你说得对，今后我一定会改正。"那反倒是极不寻常和令人惊讶的。他更可能会说："你胡说。上周我给你买了……"这时候尽量不要和对方争论。你已经说了你想说的话，他也听到了。不要为此纠缠下去，只要听他说什么就可以了。

如果你比较富有攻击性，那就试着在提出批评之前坐下来，并确保你的语气保持平静而讲理。如果你的性格比较被动，那就保持站姿，抬起头，直视对方，吐字清晰而自信。对方可能会生气、烦恼或怨恨，但这并不意味着你把话挑明有什么不对。**你无法控制对方的反应**，但你可以确保自己在做出回应时不会变得满怀戒心或咄咄逼人。如果你还不习惯采取坚定果敢的姿态，这么做可能会让你疲惫不堪，但只要多加练习，就会变得容易很多。

最后，试着用一种比较轻松、积极的语气结尾："我很高兴能和你谈论这件事。"或者说："现在，请我喝一杯怎么样？你还欠我 10 英镑呢。"如果你一段时间以来一直在考虑这场交锋，你可能会觉得相当艰难，但无论结果如何，你都会感到宽心，并且很可能会因为自己说出了心里话而感到欢欣鼓舞。

○ 谨记

仅仅是说出了自己的想法并不一定能保证成功。你坚定果敢地表达自己的观点并不意味着对方会做出改变，但这意味着你不再感到害怕。

接受批评

让我们再从丹尼的角度来进行案例研究。就他而言，他只是和一位老朋友去打了一场斯诺克而已，但突然间他被对方指责吝啬。他可能已经意识到了这一点，因为这种"很精打细算"的人常常把那些出手更为慷慨的人视作奢侈甚至炫富。由于汤姆总是率先去付钱，所以他也就却之不恭了。他对汤姆的慷慨没有意见，同时也没有理由要求汤姆改变，因为除了几个意味不明的笑话之外，汤姆从来没有提到过这件事。

○ 坚定果敢的行动

当你受到朋友的批评时，不妨深吸一口气，**仔细倾听**他说的话——对方告诉你自己的想法是需要勇气的。这是你的朋友，所以你必须相信他的评论是为了你好或是为了增进友谊。要认识到你最初的反应是自我防御性的，并试着保持开放的心态。想想看以前是否也有人对你说过这些。

用自己的话复述批评的内容，以确保你准确理解了对方的意思。因此，在这种情况下，丹尼可以说："你是说你总是为我付钱吗？"汤姆可能会回答："不，我只是说，我付的钱似乎超出了我应付的份额。"一旦你准确理解了对方的意思，那么你就必须认真考虑批评是否成立。

努力抵制愤慨（和为自己行为辩解）的诱惑。要知道，这些可以留到以后再说。眼下，你要么接受，要么拒绝批评。如果你发现批评是成立的，那么就说："是的，你付钱的次数确实比我多。"一旦你已经承认了这一点，如果你愿意的话，还可以为自己辩解："我没有意识到这是个问题，因为你看上去总是在抢着付钱。"或者说："对不起。眼下我遇到了一些经济问题，但我本不想告诉你。"

接下来说你打算采取什么行动，比如："我保证今后会为我的那份付钱的。"或者寻求帮助："我已习惯这样了，今后你能提醒我一下吗？"如果你认为自己无法改变（或者你不准备改变），那就这样说："我知道自己一直很精打细算，我觉得我还没做好改变的准备。"然后，你就可以由对方决定如何处理了。

如果你认为这些批评并不成立，那就说出来。可以用一种非攻击性的方式说："这不是真的。我没有……"如果你不能确定，那就请对方重复一遍："你能再说一遍吗？"（这通常会导致对方用更为柔和的方式重复之前所说的内容。）如果批评有一部分是成立的，那么就表示同意，但是要做出限定："是的，我并不总是抢着去付钱，但是我通常会按自己的方式付钱。"要小心别让你的愤慨把你变得咄咄逼人——不要提高嗓门儿，脸上要保持愉快的表情（但可能不是微笑）。

○ 谨记

如果你真的对批评感到困惑，那就试着用类似的话去形容你的批评者。这听上去很奇怪，但是人们确实经常会拿自己有的缺点去指责他人。

给予和接受赞美

始于赞美的交情一定会发展成真正的友谊。

——奥斯卡·王尔德

黛博拉去参加同学聚会，遇到了几位老朋友。她们对着她大惊小怪，说自从上次见面以后她苗条了不少。一位朋友赞美她穿的裙子，并说颜色特别适合她。黛博拉立刻说她们看上去都很容光焕发，说自己的裙子很便宜，并且说自己离苗条还差得远呢。

当朋友称赞你时，你有过类似黛博拉的反应吗？无论你对自己感觉如何，你是否有自我贬损和引开任何赞美或夸奖的倾向？

"你是否有自我贬损和引开任何赞美或夸奖的倾向？"

○ "这是旧东西"

每当有人赞美你，而你却试图通过自我批评来避免赞美时，这实际上表现出了对其的不尊重。对某些人而言，赞美他人需要做出相当大的努力。而且，赞美无疑是一种慷慨的表现。通过反驳对方，你等于是在驳回其善意。

　　当你说："你真的这么想吗？"或者说："这衣服只是我随便套上的。"（而实际上你花了很长的时间精心准备。）这时候的你是不诚实的，并且是在暗示如果你的朋友喜欢这个，就说明她没什么品位。很多时候，当朋友们刚见面时，赞美的话只是用来暖场的，这也挺好的。但黛博拉接收到的赞美却很具体——她们注意到了她的新裙子。

○ 坚定果敢的行动

　　对赞美最好的回应是**表现得很开心，并且感谢对方**。黛博拉本可以说："非常感谢。这还是我第一次穿它，所以我很高兴你也喜欢它。"

　　如果你真心想给予朋友赞美（而不是在刚见面时将赞美作为客套话使用），那么最好不要在听到一句赞美后立刻回赠一句赞美。黛博拉说："你们看起来都很容光焕发。"这几乎是一种在被告知她看起来很漂亮后的不自觉的回应。这是被普遍接受的回应——而且如果不做出这样的反应几乎是不礼貌的，但是就给予赞美而言，这可谓毫无意义。最好**等待后面出现一个机会**，然后给出你真正想表达的具体的赞美。否则，你的赞美会像是因为他人给了你一个赞美而做出的机械化回应。

　　在你回应赞美时，你可以说："非常感谢，你让我太开心了。"或者说："谢谢你告诉我这个，你让我自我感觉很好。"这也会让对方感到高兴，并且会营造出一种总体上积极的氛围，让你顺利度过接下来的时间。

现在就开始留意当他人赞美你时你的最初回应。确保你会微笑，看上去对受到赞美很高兴。同时开始留意他人对表扬和赞美的反应。你会惊讶地发现，人们常常无法接受他人对自己的赞美，会立刻开始否定赞美或进行自我贬损。如果你赞美的人并不坚定果敢，同时回应你："哦不，这算不上什么。"那也没关系。你无法强迫他人以你希望的方式回应你，**你只能改变你自己的行为**。

○ 谨记

赞美你的朋友们所做的事和所说的话，而不仅仅是他们的外表。想想看你喜欢他们哪些地方，然后告诉他们。

重要提示

- 可以表现出坚定果敢的朋友之间能够畅所欲言，而不必担心会发生争吵。

- 他们可能产生合理的分歧，并且能够谈判和妥协。

- 他们为彼此做事情是因为他们愿意，而不是因为他们希望被喜欢。

- 他们知道，如果自己的请求被拒绝，那并不意味着他们的朋友不再喜欢他们。

- 理想的友谊是平等的友谊，只有相互平等的人才能相互给予和接受批评。
- 如果你坚定果敢，你就能够告诉朋友你喜欢和钦佩他们的地方，并从他们那里接受同样的评价。
- 要坚定果敢地面对朋友可能很困难，因为你（包括他们）已经习惯了自己在友谊中扮演的角色。

7

第 7 章

如何在职场中表现得坚定果敢

我的祖父曾经告诉我，世界上有两种人：一种是做事情的人，另一种是抢功劳的人。他让我尽量和第一种人在一起，因为竞争要小得多。

——英迪拉·甘地

许多人发现，在职场上表现得坚定果敢比在朋友或家人面前表现得坚定果敢更为困难。大多数家庭成员都是你自打生下来就认识的，你选择一些人做朋友是因为你喜欢他们而他们也喜欢你。然而，与你共事的人仅仅是你必须学会在工作时间与之相处的人。除此之外，你还必须适应职场中的等级制度——职场上的所有人都能意识到其存在，而这极可能造成潜在的挫折、嫉妒和冲突。

当你找到了适合你天赋和能力的工作后，在工作中找到快乐的主要条件就是感到被信任、被重视和被支持。如果这些条件得不到满足，那可能就会出现不满和冲突。在本章中，我们将探讨如何批评同事、接受有效的批评、赞美同事、要求获得晋升，以及对不公平的要求说"不"。

提出批评

批评是可以通过一言不发、无所作为，或者当个庸人来避免的。

——亚里士多德

彼得和安都在一家培训机构工作，他们相处得很好。最近他俩被分配到一个项目组，为白领们在工作场所举办短期课程。安整个周末都在辛勤工作，为的是准备一份向管理团队介绍课程理念的演示材料。接下来，她必须向彼得进行简要说明，这样他们才能一同做演示。

他们的演示反响很好，但彼得却没有公开承认安的功劳。他感到内疚，因为他觉得自己没有在这个项目上尽全力。演示结束后，他只是说："好吧，我认为一切进行得再顺利不过了。接下来我们必须等着看他们是否会接受我们的想法。"安很生气，但什么也没说。她动不动就对办公室里的其他人发火，而当彼得和她说话时，她还会对彼得冷嘲热讽。

安十分有抱负：她很勤奋，而且很喜欢自己的工作。她经常把工作带回家，有时工作到深夜，周末也不休息。她不明白为什么其他人不认同她的价值观。尽管彼得一直很有魅力，她也喜欢和彼得在一起，但最近她发现很难和彼得共事，因为她觉得彼得没有尽到应尽的责任。

安告诉另外几位同事，彼得很懒，事实上所有工作都是她一个人做的。她不愿意和彼得谈这件事，因为她不想失去和彼得的友谊，也不想破坏办公室里的气氛。她做了很多人们在害怕对抗时会做的事情，比如她在彼得背后议论他，而当彼得跟她说话时,她挖苦讽刺彼得。

○ 用尊敬的态度对待他人

如果某人的行为激怒了你或者在某种程度上让你感到烦恼,那么你就有权要求他改变自己的行为。然而,即使在批评对方的时候,你依然可以尊重他。在背后议论某人是不礼貌的,而且这么做可能是懦弱的,当然也谈不上坚定果敢。任何你企图忽视并压抑的烦恼或怨恨都会破坏你们之间的关系,并且通常会在某个时刻浮现出来。

"在背后议论某人是不礼貌的。"

○ 坚定果敢的行动

这整个情况本来是可以避免的,只要安在刚接手这个项目时与彼得进行一次**坦诚的讨论**。安本可以向彼得指出过去发生的情况,并询问他是否有时间和她一起做这个项目。如果别无选择,那么最好让彼得确认他具体能够并且将会提供什么。安本可以说:"过去我们进行合作的时候,我觉得你……这次我希望在开始工作前先把事情理清楚。你准备做些什么?"这需要以一种坚定果敢(而不是咄咄逼人)的方式来说。

如果安什么也不对彼得说,那她就应该知道这种情况很可能会再次发生。最好在苗头不对时尽早应对,而不是让局势升级失控。**在你批评某人之前要先收集证据**，这样你就能确保自己所说的话是有道理的。当你已经被激怒或烦恼了一段时间后，你需要计划好该说些什么——以避免说错话。

接下来，**选择合适的时间和地点**。当着其他人的面被批评是一种耻辱，这不可避免地会引起防御性的或愤怒的反应。如果你选择一处私密的地方，就更有可能得到诚实的回应。想一想如何把痛苦降到最低程度——找个没人的地方，或许还可以先提醒对方，他不会喜欢听到你打算说的话。设身处地为对方着想，想想看你自己希望被如何对待。

检查你的肢体语言，不要站得太近或太远。确保你的表情轻松而友好，但不要误导性地咧着嘴笑。口齿要清晰，确保你的语气既不是恳求也不是讽刺。在进行可能很困难的交锋前深呼吸，让自己平静下来。

如果你认为合适的话，可以先告诉对方你极其不想让他难过："我一直感到忧心忡忡，因为要对你说这些。"（别忘了"肯定－否定－肯定"公式：先说一些肯定的话，然后说一些否定的话，最后再说一些肯定的话）。所以安可以说："你知道我很珍视和你的友谊，但我觉得我必须说，你在这个项目上所做的工作是……"**千万记住，你要批评的是行为，而不是对方这个人**（所以不要说"懒惰"或"不可靠"）。一旦你已经提出了批评，就不要做进一步的谩骂。有时人会有一种成为霸凌者的倾向，从而享受权力带来的感觉，想要持续地攻击对方。

这时候，给对方一个回复的机会，但不要指望他会乐意和解——**大多数人对批评的反应都很糟糕，哪怕批评显然是成立的**。你可能会听到一些先前不知道的信息。你可以向对方重复一遍："你的意思是……"现在，你的目标是要求对方做出具体的改变。仅仅进行泛泛的抱怨而不提出替代方案将无助于让对方知道你究竟想要什么。不要仅仅是暗示，而要很明确地说："今后我希望你……"

注意，安并未提到彼得没有公开承认她所做工作的这一事实。因为最好的做法是**一次只批评一件事**。一旦你学会采取坚定果敢的态度，你就能够放下琐事，不受它们的干扰。要为做重要的事情节省精力。一个检验你是否应该把话挑明的好方法是，看几个小时后这件事情是否仍然在困扰你。然而，如果你曾经躺在床上彻夜不眠，反复去想一件不公正的事情以及你本该说些什么的话，那么你就必须拿出勇气去做点什么。

最后，**谈论后果**。如果对方做出了你要求的改变，那会产生什么积极后果；如果对方没有这么做，那又会产生什么消极后果（是否要把后果告诉对方由你自己决定，但你心里必须知道你会容忍什么和不会容忍什么）。

○ 谨记

具体而直接的批评表明你重视你们之间的关系。如果你不说出来，一切都不会好转。

接受批评

> 安鼓起勇气和彼得谈话。她很紧张，只指责了彼得缺乏对工作的承诺，让她一个人去做所有事情。她没有提到，工作主要是她完成的，但彼得却占去了一半的功劳。

○ 坚定果敢的行动

在面对意料之外的批评时，最好的回应方式是**尽可能言简意赅**，然后在有时间做出思考之后再去找对方。所以，彼得可以说："我需要好好思考一下。我们可以稍后再谈吗？"

在花时间思考之后，你要确保自己已经明白了对方的意思。用自己的话复述批评，比如此时彼得可以说："你的意思是你认为我一直都是这样，还是就这个项目而言？"一旦你弄清楚了对方的意思，就问问自己批评是否成立。**如果你同意对方提出的批评，就承认它**，并说出你打算采取的措施："我保证我会在下一个项目上做超出我应有份额的工作。"

如果你同意对方的话，但想不出解决措施，那就**征求他的建议**。"没错，我的确……我该怎么做？你能给我一些建议吗？"如果批评有一部分是成立的，那么就表示同意，但是要做出限定。所以，彼得可以说："最近我在想很多事情，我承认我的确很高兴你做掉了大部分工作。但我平时还是很努力的。"

如果批评真的不成立，那就说出来。**坚定而自信地拒绝接受**。要知道，说"不"是一种很强大的姿态："不，那完全不是真的。"让对方解释他的意思或举例说明。用"我"而不是"你"开始你的句子。所以，你可以说："我不明白你为什么这么说，你能给我举个例子吗？"而不是说："你完全说错了。"

如果你发现自己对批评怀有怨恨之情，那么坚定果敢的做法就是解决它——哪怕事情已经过去了几天，甚或几周。仔细考虑对方说的话并诚实地评估它是否有任何地方是成立的。**不要仅仅因为批评令你受伤就试图驳斥它**，也不要仅仅因为他人这么说了就接受它。如果你无法确定，就请对方重新措辞："你的意思是你不喜欢……吗？"

> **"仔细考虑对方说的话并诚实地评估它是否有任何地方是成立的。"**

无论你的批评者采用什么样的肢体语言（它很可能是对抗性的，因为提出批评似乎会让人变得焦虑或咄咄逼人），你要确保你不会通过模仿对方的姿态和语气来做出回应。**试着放松你的姿势**（坐着时会更容易些），嗓门儿要低，吐字要缓慢而清晰。一直盯着对方看可能会显得咄咄逼人，但一定要不时进行眼神交流，不要低垂着头或东张西望。注意不要把手放在嘴上，不要拉扯头发（这代表焦虑），不要交叠手臂或指指戳戳（这是攻击性姿势）。

如果批评是建设性的，那么坚定果敢的做法就是**感谢你的批评者**。称呼对方的名（而不是姓）也是坚定果敢的做法："安，谢谢你向我指出了这一点，先前我都没有意识到……"或者说："非常感谢，我知道我……我很感激你能像这样和我讨论这件事。"然后，让对方知道你打算采取什么行动。

○ 谨记

你需要花上一段时间才能学会正确地接受批评。大多数人都难以对批评做出坚定果敢的回应，特别是当批评来得出乎意料时。如果你的反应是愤怒或流泪，也不要过分自责，只要能从中汲取教训即可。

给予赞美

> 安的经理对他们的演示印象深刻，并怀疑是安做了大部分工作。但她什么也没说，因为她没有表扬或赞美员工的习惯。

事实上，这位经理错过了一次表明她重视这一努力并感谢安做出了专业演示的绝佳机会。她知道安一定是在家里完成了大部分工作，而且安让彼得参与演示说明安非常慷慨大度。感激和赞美是传播良好感受的有效方式，只要它们是真诚的。

留意并指出某人做事情很友善、缜密周到、深思熟虑或非常细心，并不会让你损失任何东西，也不会让对方变得骄傲自满。有些人就是没有赞美他人的习惯，但是如果某人做了好事，其他所有人都会注意到的——问题仅仅在于说出你的想法。

不向他人传达这些想法有可能是因为你会让自己觉得不舒服。如果你觉得赞美他人很难，不妨问问自己为什么。赞美他人是一种慷慨的表现。如果你对一个人感到嫉妒、愤慨或怨恨，那么你就可能发现自己无法表达对他的欣赏之情。

○ 坚定果敢的行动

如果你打算赞美某人，那么要**确保你的赞美是具体的**。单纯说"干得好"总比什么都不说要好，但事实上，甄别好的方面并做出具体的评论是更有价值的做法。安的经理本可以说："我很欣赏你为准备这次演示所做的所有辛勤工作。"或者说："我特别喜欢你制作的传单的风格。"再或者说："我认为图片给大家留下了深刻的印象。"

在工作中赞美他人是打造和谐高效的工作场所必不可少的技能。即使是在你提出批评的时候，最好也能找些好话来说，因为这样对方才更可能把你的话听进去。**要慷慨地给予表扬和赞美。**

很多时候，当有人因出色的工作、额外的努力，或者把一个故事讲述得清晰有趣而让你感到惊讶时，你会在心里说："这件事的确做得非常出色、细致。"或者说："这个人为了做这件事付出了很大努力。"再或者说："我好像亲眼看见这件事情发生了一样。"每当你发现自己产生了一种钦佩或欣赏的感受时，要留意它并告诉对方。告诉店家你喜欢她的橱窗布置；告诉你的伴侣她是一个很细心的司机；告诉你的朋友你钦佩他的诚实。你可以从今天就开始这样做，这并不需要培训或练习。

○ 谨记

坚定果敢型的人会赞美他人，因为这意味着你自我感觉良好。赞美他人并不会使你失去任何东西或削弱你的成就。给予赞美时要慷慨、诚实而具体。

"坚定果敢型的人会赞美他人，因为这意味着你自我感觉良好。"

索取你想要的

50岁的梅甘是一位社会工作者。在她的孩子们还很小的时候，她曾中断过事业，之后又重返工作岗位。尽管她很顺利地恢复了职业生涯，但她觉得自己正在做的工作远远超出了最初的岗位职责，她的工资理应被提升一个薪级。她是个坚定果敢型的人，但依然觉得她的老板可能很难对付，而且难以捉摸。

在她决定向老板要求晋升的那天，她走进办公室，电话铃在响，但没人接。她对同事詹姆斯说"早上好"，但他却恶声恶气地嚷了她一句。她的部门经理给她留了一张便条，问她是否可以在她负责的案件中增加一个家庭。她打开电子邮件，看到自己被要求向一个来自瑞典的社会工作者访问团做一次演示。

我们有时会在工作压力下突然崩溃的原因之一就是很多事情同时发生了。如果你一次只需要处理一个问题，那么采取坚定果断的态度就容易多了。此外，如果你的家庭生活很美满，如果你能够获得充足的新鲜空气和锻炼机会、能够摄取到有营养的食物并且总能睡个好觉，那么你应对问题的能力会大大增强。然而现实是，无论是在职场中还是在家中，我们都必须在问题一出现时便尽可能地妥善处理，而且事情很少会每次只发生一件。

如果梅甘对自己作为社会工作者的能力没有信心，如果她还没有学会坚定果敢地应对，那么她很可能会冲过去接电话。她会对詹姆斯说"对不起"（虽然不知道自己究竟做了什么惹恼了他），她会对要处理的案件中又要增加一个家庭感到烦恼，并且对要做演示感到非常害怕。那样一来，她几乎肯定会放弃要求晋升的想法。现在就让我们看看她究竟是如何应对这些事情的。

○ 坚定果敢的行动

坚定果敢的梅甘一边面带愉快的微笑，迈着自信的步伐走进办公室，一边说道："山姆，请你接一下电话好吗？"然后她停顿了一下，以确保他照办了。这是**针对某一个人发出的具体指示**，因此更有可能得到执行。如果她说："有人能接一下电话吗？"那么就不会有任何人觉得自己有任何责任去这么做。

如果像梅甘一样，你说"早上好"，但有人却恶声恶气地嚷了你一句，那么要么别搭理他，要么就说："我看出来了，我们今天最好不要打扰你。"既**不要认为对方的坏情绪是针对你个人的**，也不要说："对不起，打扰到你了。"（这听上去可能会很被动，可能会很嘲讽，取决于你的语气。）如果你倾向于在他人脾气不好时道歉，那么现在就改掉这个习惯——他的生活不顺利并不是你的错。你可以采取幽默的态度，但如果对方真的出了大问题，这么做可能就不合适了。

梅甘看了看便条，决定暂时不做决定，给自己时间考虑一下。记住，**你不必针对你读到的每一封电子邮件和留言立即采取行动**。然后梅甘去向老板预约会面。即使在你工作的地方并没有这种惯例，但是当你想讨论重要的事情时，一定要预约，这样就能确保对方有时间听取你的请求。在等待的过程中，梅甘回忆自己最近做出的成绩，并检视自己是否显得冷静而自信。

梅甘为这次交谈做了准备，她收集了自己在过去一年中所做的超出她最初职责范围的工作的证据。她还保存了部门经理表扬她工作的电子邮件，以及客户们感谢她为了他们的利益而辛勤工作的信件。她收集了其他类似级别社会工作者的工作量信息，以对照说明她额外做了多少工作。当你要求加薪或晋升时，**收集诸如此类的证据**是很有用的，即便你可能用不到它们，但需要的时候你就能拿出来。

检查你的肢体语言：身体坐直，可以稍微向前倾一些，双脚都放在地上。双手不要去接触脸部，不要交叠双臂。深呼吸，谈吐清晰，不要说得太快。确保你的表情得体，并不时做短时间（至少 15 秒）且稳定的目光接触。一开始，这些似乎很难都记住，但它们很快就会成为你的第二天性。

现在，开口说："我希望您在给我答复之前仔细考虑这个问题。"这可以阻止老板以轻率的方式处理你的请求。然后说："我相信我在过去一年里所做的工作值得加薪或晋升。"等待对方的回应，然后简要说明原因；如果对方看上去并不认同，重复你所说的话。记住，你的老板不太可能立刻就说"是"。**你的目标是陈述你想要什么和你的理由**——如果对方要求你给她时间考虑一下，这就是一个好结果了。最后，感谢对方听取了你的想法："谢谢您给我这个机会……"然后安排另一次会面来讨论其决定。

最后，**想好如果你的请求没有得到批准你会怎么做**。梅甘知道，在找到另一份工作之前，她是不能辞职的，但她已经发现了两份薪水更高的工作。她已经决定，如果老板不同意她的要求，她就去申请那些工作。直接把这个决定说出来是错误的做法，你并不是要威胁离开，只是要向自己保证你会找一份薪水更高的工作。

梅甘回到办公桌前，开始准备演示。对许多人来说，公开演讲是一件很恐怖的事情，然而我们越来越频繁地被要求这样做。梅甘以前做过这件事，并且知道多练习会让事情变得越来越容易。不管你有多紧张，就算浑身发抖、汗如雨下、满脸涨红，你都死不了。克服恐惧的唯一方法就是去做这件事。梅甘将做演示视为展示她所知道和理解的东西的机会，这将有助于她争取晋升。也就是说，为了平息恐惧，你**需要熟知你的演示材料，精心准备、反复练习**。

"克服恐惧的唯一方法就是去做这件事。"

○ 谨记

许多人一直在从事低薪工作，因为他们不重视自己，也不敢要求加薪。你不能保证一定会得到你所要求的东西，但是比起保持沉默来说，提出要求会让你自我感觉更好。

说"不"

> 梅甘断定，她无法在已经很繁重的案件堆中再增加一个家庭的案件。她自信、能干，擅长做自己的工作，但她也很坚定果敢，知道自己有权说"不"而不必感到内疚。梅甘知道她的部门经理会不开心，但她还是决定告诉对方，她觉得自己无法再接手另一个案件了。

当一个人被要求做某事时，通常很难开口说"不"，原因之一就是他害怕自己会得到一些回应，比如伤害对方的感情，或者说，在上述情况中，担心对方会生气。另一些人则害怕拒绝请求会被认为是粗鲁或自私的。在职场的某些情况下，你可能无权拒绝做某项工作，因为你的工作合同可能规定你得去做它。但是，你始终有权声明这项要求会给你带来什么问题。然后，你必须尝试协商出一个自己可以接受的结果。

○ 坚定果敢的行动

在约见自己的部门经理之前，梅甘收集了有关她收到的新案件的信息。当你说"不"的时候，一定要弄清楚事实，**这样你才能准确理解对方要求你做的事及它带来的影响**。要确保说"不"不是因为你没有信心（例如，如果梅甘拒绝做演示的话，那是因为她感到害怕了）。如果你总是出于恐惧

而说 "不"，那么你就永远也学不会该怎么做。记住，如果你不能确定，你也总是可以要求对方给你时间进行考虑的。

梅甘的直接反应是她无法应付更多的工作。当她询问被要求接手的案件的具体情况时，她意识到自己是正确的。她并不是说这个家庭不需要帮助，她只是说她不是那个能够提供帮助的人。如果你是个坚定果敢型的人，你会承认他人有需求，但**你认为自己的需求同样重要**。

一旦你已经决定说 "不"，就要**简短而直接地拒绝**。不要说得很唐突或咄咄逼人，而要用平静稳定的声音去说，确保你的拒绝是明确的。如果你觉得合适的话，你可以先透露自己的感受："我很抱歉不得不这么说，但我觉得我已经无法承担更多的工作了。"如果对方试图说服你，那么就试着放慢你的语速，把话说得更短些，或者单纯重复同一句话："我无法承担更多的工作了。"

当你的拒绝被接受时，你可能很想**提供一个替代方案或妥协方案**。此时需要小心，千万别改变主张："但是，我愿意……"一旦你已经达到目的，就通过改变话题或离开现场来结束交谈。

○ 谨记

为了能够对他人的请求说 "不"，你必须相信你的需求和他人的需求一样重要。对所有请求来者不拒的人最后往往会把工作做得很糟糕，或者自己去休病假了。

重要提示

- 如果你觉得自己的工作不能带来满足感和充实感，那么你就很难对自己的余生感到满意。

- 找到一份适合自己天赋和能力的工作很重要，但是感觉自己有机会进步和学习也很重要。

- 进步和学习只会发生在这样的环境中：你觉得自己的才能受到赏识，以及你有自信可以在需要的时候寻求帮助。

- 如果你在工作中感到不开心，那就解决问题，或者寻找其他的可能性，而不是放任事态恶化而不予以处理。

- 一旦你开始在受到不公正的批评时为自己辩护、索取你想要的、对不合理的要求说"不"，并接受你应得的赞扬，那么你就将受到尊敬并感到被重视了。

- 不要利用电子邮件来避免职场上的面对面冲突；如果对方在同一个地方工作，而你觉得有问题，那就直接去找他。

- 所有这些技巧（例如，如何批评和如何说"不"）都适用于电子邮件，但在邮件中你必须格外礼貌，因为收件人既看不到你脸上愉快的表情，也听不到你的语气。

- 在发送电子邮件之前，务必检查收件人是否正确，除非绝对必要，否则不要抄送其他人。

CHAPTER 8

第 8 章

如何获得优质服务

比其他人多走一里路，道路自然不再拥挤。

——佚名

我们大多数人都遇到过这种事：你发现自己正在被动接受劣质服务、推销压力或拙劣工艺。如果你试图解决问题，你可能会感到紧张、烦恼和沮丧。

要获得优质服务，主要事项是了解自己的权利、决定自己想要什么和不想要什么，并且有信心掌控局面。通过这种方式，你可以避免被霸凌，不再感到自己正在任由更具控制力和权威的人摆布。

在本章列举的所有案例中，你都将看到坚定果敢的态度是如何对获得优质服务产生巨大影响的。

索取你想要的

格兰特决定在他的起居室里铺实木地板。他从当地一家商店订购了橡木地板并支付了安装地板的费用。安装工没有在约定的日子过来，因为当天他的两项工作时间冲突了。销售助理给格兰特重新安排了个日子，定在下周初安装地板。

尽管工人在重新预订的日子来安装地板了，但他当天并没有完工。格兰特被告知安装工必须离开，去干另一份活。就这样，又过了十天，地板才铺好。

一个月后，地板出现问题：它开始变形，在某一区域隆起。格兰特大发雷霆。

在过去经历带来的负面结果的影响下，格兰特已经成为一个无助和逆来顺受的人。他意识到自己无法控制事态，因此他甚至不愿意去尝试对局势施加影响。

首先，格兰特在接受新的预订日期时未能控制局面。对于他来说，那并不是最方便的一天，但由于他不想冒再一次安装不上的风险，所以就没有坚持换一个更方便的时间，而是顺从地接受了被安排的日期。

在地板何时完工的问题上也发生了同样的事情。格兰特没有坚持要求地板在那一周内安装完成（比如提出必要时可以另派一位安装工过来的要求），而是接受了他人提供的借口，然后又等了十天。当地板出现问题时，由于格兰特在先前的场合没有捍卫自己的立场，所以地板问题成为压垮他的最后一根稻草——就好像高压锅一般，他爆炸了！

除了听由情况变得更糟之外，像格兰特这样的人之所以会感觉自己压力大、心烦意乱，以及总是被动接受劣质服务，另一个主要原因就是他们根本不知道该如何以坚定果敢的方式说出自己想要什么。

是时候做出改变了!

**"人们根本不知道该如何以坚定果敢的方式说出自己
想要什么。"**

○ 坚定果敢的行动

当你没有得到你所期望的服务时,在你听由他人告诉你
什么是可能的、什么是不可能的之前,**自己先决定好你想要
什么和不想要什么**。

一旦你知道自己希望获得什么结果了,就简单明了地说
出你想要什么或不想要什么。

你可以用以下的任一开场白开口:

- "我希望"
- "我需要"
- "我想要"
- "我一定要"

另一种获得你想要的东西的有效方法是**寻求对方的帮
助**:"我想要……,你有什么办法帮助我实现吗?"

或者说:"我需要在周末之前……,你能告诉我怎样才
能做到吗?"

例如,格兰特本可以说:"我需要在本周四或本周五安

装地板。我只有这两天在家，可以让安装工进来。你能告诉我你怎样才能安排妥当吗？"

一旦你已经说出了你想要什么，就停下来。**停下来倾听对方的反应。**他们可能会说他们无法做到你希望他们做的事，或者他们可能会提供一个你无法确定是否会接受的行动方案。

不要接受他人告诉你什么可以做到、什么不可以做到的说辞，如果你需要的话，**请花时间仔细考虑你的所有选项。**你只须说："我需要考虑一下，我会再和你联系的。"这可以让你掌控局面，而不是受制于他人的突发奇想或任由对方摆布。

接受你可能不得不妥协这一事实。在某些情况下，你所寻求的解决方案可能无法实现。格兰特的休息日是每周的周四和周五，他希望在其中一天把地板铺好。即使他告诉销售助理这一点，对方依然无法安排在本周的周四或周五铺地板，但销售助理可以安排在下一周的周四或周五安装。这不是一个完美的解决方案，但总比再请一天假要好。

明确而具体地说明你想要什么并不能保证你一定会得到你想要的，但它确实能让他人**更容易**理解和满足你的需求。

地板出现了问题，格兰特能做些什么？别忘了**你有你的权利。**首先，你有个人权利。如果你坚信你有权获得公平和诚实的待遇，你就需要担负起实现这一点的责任。其次，你有法律规定的权利。当你与商店、商人、理发师或干洗店发生纠纷时，你得知道你有什么权利。

"你有法律规定的权利。"

英国的《1982 年商品和服务供应法》旨在保护消费者免受劣质工艺或劣质服务的侵害。法案涉及工作和材料合同，以及纯服务合同。你可以在消费者网站上查询你的权利，或者访问当地的市民咨询中心。

如果出现了很严重的问题，你就得决定究竟是采取法律行动，还是为避免进一步产生压力而大事化小，安排其他人来完成工作。这是坚定果敢的一个重要方面（即知道**你可以选择不坚持自己的主张**），你可以放弃追究并采用另一种行动方案，而你会自行承担相关责任。

○ 谨记

你可能没有得到所期望的服务，但通过了解你的权利、知道你想要什么或不想要什么，并且说出来，你可以获得更大的谈判优势，更容易让自己的需求得到满足。

提出批评

葆拉在她居住城市的一所大学上一门 Access 预科课程。她必须通过 Access 考试才能在明年获得攻读动物科学学位的名额。不幸的是，班上有三名学生越来越喜欢扰乱课堂秩序，他们迟到、交头接耳、干扰其他学生，诸如此类。葆拉在老师去另一个班授课的路上赶上了他，试探性地诉说自己发现在课堂上很难集中注意力，因为这些学生分散了她的注意力。她犹豫不决地嘟囔道："不知道您是不是能让他们遵守课堂纪律吗？"老师没有拿葆拉的担忧当回事，说没听说其他人有类似的诉求。

葆拉只有默然忍受。

葆拉觉得提出投诉很困难，因为她缺乏信心，她不相信自己有能力去完成某件事。老师的态度可谓雪上加霜。如果他认真倾听并尊重她的担忧，葆拉就会感到更容易坚持自己的主张。

成年人很容易陷入各种反映人们既有经验的行为模式。葆拉没有反抗老师，这是因为她退回到了小女生模式中——在这种模式中，老师不容置疑、批评或反驳！

葆拉缺乏信心，担心自己的投诉会遭到驳斥或被视为制造麻烦，这一切导致她没有做出进一步的投诉。

○ 坚定果敢的行动

如果你像葆拉一样不习惯捍卫自己的利益，那么仅仅是做进一步投诉的想法都会让你倍感焦虑，于是你宁愿什么都不做。但如果你是个坚定果敢型的人，那么你的关注点就不是自己有多恐惧和焦虑，而是在**应对各种人和各种情况上**，

哪怕你感到害怕或担心。记住，即使你什么都不做，你也仍然必须应对相关情况在当前造成的压力及它对你未来计划的影响。所以，害怕就害怕吧，但无论如何都要采取行动！

处在葆拉这样的情况下，你可以通过很多方法来增强自己的信心。首先，**更多地觉察并调节你的肢体语言**可以大大增强你用适当的方式来表达自身主张的能力。

即使在你感到焦虑和担忧的时候，如果能摆出一副胸有成竹的姿势，你就会立刻开始感到信心倍增。试着在镜子前摆出自信的姿势，觉察自己自信时看上去是怎样的、感受又是怎样的。

> "如果能摆出一副胸有成竹的姿势，你就会立刻开始感到信心倍增。"

切记，要缓慢地、平静地，用对方能听清楚的声音说话。不要叽里咕噜地说话——急促而含混不清的语句会让人感到困惑，从而导致对方无法理解你或者对你不屑一顾。

别忘了**选择合适的时间和地点**。葆拉在老师赶时间的时候进行投诉，这可不是让老师倾听她诉求的最佳时机！如果她向老师预约面谈时间的话，会好很多。

对问题的描述要具体。葆拉提出的诉求很笼统，只表示了有些学生喜欢扰乱课堂秩序。她需要补充一个具体的例子。在这种情况下，葆拉可以说："今天，有三名学生在交头接耳和互相传递纸条。我发现在课堂上很难集中注意力学习任何东西，因为他们的行为分散了我的注意力。"

确定你希望看到的结果或不希望看到的结果，然后说出来。你的目标是**要求做出具体的改变**。仅仅是投诉而不提出替代方案无助于对方了解你想要什么。不要只是暗示，而要明确说出你想要什么："如果这种事情再次发生，我希望您……"

如果你对于对方的回应感到不满意，那么就说出来，并**说出你下一步打算做什么**（是否要将你的打算告诉对方由你自己决定，但你自己心里必须知道，如果你提出的问题没有得到认真对待，你会做什么）。

在这种情况下，学院很可能有学习协议，协议会阐明学生可以要求获得怎样有利的学习环境，以及学院对学生行为的要求。学院还会规定要遵循的投诉程序。你可以利用这些政策和程序来支持你的诉求。

获得其他人的支持也能帮助你增强解决类似问题的信心。当然，你不应该制造一种"我们对抗他们"的局面，但如果你注意到其他人似乎也对某种情况感到不满，就要勇于告诉他们你的感受，并询问他们是否也有同样的感受。如果他们确实有同样的感受，就问问他们是否愿意支持你。

○ 谨记

为了对提出诉求更有信心，你要妥善管理自己的情绪，采用坚定果敢的肢体语言，并从其他和你想法一致的人那里寻求支持。

询问你想知道的

　　克里斯预约了医学检查。他在担心一个身体问题，该问题已经反复出现好几周了。

　　医生问了几个问题，给他做了检查，简要解释了是什么原因可能导致克里斯目前的症状，并给他开了药。在药房里，药剂师把药给了克里斯，解释了服药方法、需要注意的潜在副作用，以及如何预防或控制副作用。克里斯回家后，他的妻子询问了情况。但克里斯语焉不详，他不明白医生说了什么，也记不清药剂师对他说了什么。

　　克里斯很沮丧，同时他觉得这不是他的错。他告诉妻子："医生没有花足够的时间听我讲述。当他告诉我问题出在哪里时，我听不懂他是什么意思。而药剂师是外国人，我不知道她在说什么。"

　　在通常情况下，人们之所以与医护工作者之间会存在问题，就是因为他们没有获得足够的信息，会不理解、误解或忘记他们被告知的内容。他们只希望专业人士能够把问题解决掉。

　　很多时候，我们相信他人对待我们的方式是有对错之分的。我们可能期望过高，当他人未能满足我们的期望时，我们会感到失望、沮丧和怨恨。

　　大多数时候，我们完全意识不到我们的期望是如何造成各种沟通中断、误解、冲突和不信任的。

克里斯未能提出问题和征询更多的信息，首先是因为他没想到自己有必要去弄清楚医生和药剂师告诉他的东西；其次是因为他不想表示自己没听懂，他害怕让人觉得自己迟钝或愚蠢。

○ 坚定果敢的行动

下次你要去咨询医生、护士或任何其他健康专业人士时，可以在出发前写下你关注的事项、当前遇到的问题，以及你想了解什么信息，为就诊做好准备。

在咨询过程中，要确保你清楚地理解了医生告诉你的话。**如果你有什么不明白的地方，就说出来**。其实就是这么简单。不要指望医生知道你是否已经理解了。提出问题，直到你觉得自己真的理解了为止。不要着急，要冷静地站在自己的立场上，直到你觉得已经获得了你需要的信息。

向健康专业人士咨询时，比较典型的问题可能有：

- 您认为是什么导致了我的问题？
- 是不是有不止一种疾病可能导致我的问题？
- 这种疾病的发展过程可能是怎样的？治疗和不治疗的长期前景各是如何？
- 这种药是用于治疗什么的，它有什么作用？
- 有什么副作用是我应该注意的吗？

不要害怕写下对方的回答，也不要害怕要求医生、护士、药剂师等为你写下答案。当然，你完全有权利带个朋友一起去，他可以通过记下你获得的信息来帮助你。不要因为你没有得到自己想要的东西而责怪医生。相反，你必须**调整自己的期望、承担自己的责任，并坚持自己的主张**。

○ 谨记

永远不要满怀困惑或毫无把握地离开诊所或药房。要通过提问来澄清任何没有把握的事情，并记下对方的回答。关于管理和保护自身健康所需的信息，你要承担起获取它们的责任。

> **"关于管理和保护自身健康所需的信息，你要承担起获取它们的责任。"**

说"不"

亚历克丝正在寻找一双与她为出席哥哥婚礼而买的一套礼服完全匹配的鞋子。她去过几家鞋店，但没找到任何中意的鞋子。然而，就在第六家鞋店，亚历克丝发现了一双完全符合她心意的鞋子。销售助理告诉她，那款鞋没有她的尺码，但他们有类似款式的鞋子。亚历克丝试了试，但都不太中意。销售助理又推荐了另外两种款式。它们都不完全符合她的要求，但是亚历克丝感到很内疚，因

> 为销售助理花了很大力气帮助她，她觉得自己不能什么都
> 不买就离开。于是她同意买一双似乎符合，但又不完全符
> 合她心意的鞋子。到了收银台之后，亚历克丝又同意购买
> 用来清洁鞋子的产品。

亚历克丝从小接受的教育就是，对他人说"不"是错误
的。事实上，如果有人似乎特意为她做了点什么，亚历克丝
就会被误导，认为拒绝对方是粗鲁和忘恩负义的。

虽然亚历克丝在内心深处知道，屈服于他人的压力是不
符合逻辑的，但她经常会买一些自己并不想要的东西，只因
为她感到压力和困惑，觉得要离开商店的唯一办法就是先买
一样东西，然后再走出去。

○ 坚定果敢的行动

在很多情况下，你都可能发现自己受到了购买东西的压
力——这可能是你感受到了销售人员为你服务的辛苦，也可
能是因为他们特别坚持不懈。那么，你该如何避免购买你并
不是真正想要的东西？

留意你自己的感受。 如果购买某样东西让你觉得不舒服
或不确定是否要买，那么这传递的信息就是"不要买"。

不要感到内疚， 你不买东西**并没有做错什么**。仅仅
因为你向销售人员寻求服务或产品方面的帮助或信息，并

不意味着你必须回报他们的时间和辛勤工作。从事销售工作的人必须应对大量的工作和拒绝，这是这份工作自带的性质。

○ 谨记

销售人员所接受的训练就是想办法让你花钱，但你可以抵制他们。要这么做有一个简单的方法：你只须说"不"。如果销售人员问你是否想要该商品，如果你不想要，就说你不想要。如果你没法做到直言不讳，那就说："谢谢，但这不是我想要的。"或者说："我需要考虑一下。"

他们不可能每次都推销成功，你也不必仅仅为了取悦销售人员而购物。**重要的是你对自己购买的东西感到满意。**

给予赞美

从事服务业和零售业工作的人通常工作时间很长，而且工资不高。如果你体验过优质服务，那么无论你是否打算购买东西，都应该表达你的感激之情。**不要只说"谢谢"——要确切地说出你觉得在什么方面获得了帮助。**当然，如果有人真的不辞劳苦地为你提供服务，你可以打电话、发电子邮件或写信给他所在的公司，**具体**说明该服务人员在哪方面做得特别好。你表达感激和钦佩只需要花很少的时间，却意味着对方很可能会保持这么高的服务水准。

○ 谨记

你礼貌地拒绝买东西并没有做错什么。要冷静地决定你想要什么和不想要什么，并有信心掌控局面。如果那不是你想要的，就说出来！

重要提示

- 下一次当你发现你因为没有得到自己期望或想要的服务而感到愤怒、紧张或烦躁时，做一个深呼吸，然后坚持自己的主张。

- 管理自己的感受：不要考虑自己有多焦虑，而要关注如何应对他人，哪怕自己很害怕或担心。

- 记住，在几乎所有情况下，你都拥有自己的权利，所以要去了解相关信息，弄清楚自己的权利。

- 冷静地阐明你想要什么或不想要什么，倾听接收到的回应，然后决定究竟是要谈判和妥协，还是要坚持自己的立场、坚持获得自己想要的。

- 肯定应该肯定的东西。下一次当你受到优质服务时，一定要表达你的感激之情。不要只说声"谢谢"，而要具体说明是什么让你感到很有帮助。

CHAPTER 9

9

第 9 章

如何在面试中表现得坚定果敢

我没觉得自己是在接受面试，我只是在进行对话。

——查尔斯·巴克利

死亡将是一大解脱，因为不再有面试。

——凯瑟琳·赫本

在我们提供的职业发展课程中，人们经常告诉我们，他们发现自己在面试时很难表现得坚定果敢，比如展示自信并侃侃而谈。人们说他们面临的主要难题是：

- 控制自己的紧张感和肢体语言。
- 不得不"推销"自己。
- 遇到一个粗鲁或不称职的面试官。
- 被问到意想不到的问题。

能够表现得坚定果敢是在面试中表现出色的一个重要因素，而你的行为和交流方式也会被视为你在未来工作中的表现的标志。

下面，我们将探讨与面试相关的主要难题，并就如何表现得坚定果敢提出建议。

承认并接受你的焦虑感

卡梅伦要在伦敦的一家出版社接受面试。在面试前的一周里，他变得越来越焦虑。重要的日子终于来临，卡梅伦坐在接待处等待，感到非常紧张。面试官来了，卡梅伦软弱无力地握了握她的手。当卡梅伦跟着面试官穿过走道前往面试室时，他滔滔不绝地谈着一些可有可无的话题。

当然，卡梅伦对面试感到紧张并没有什么不寻常的，大多数人都会有这种感觉。卡梅伦想得到这份工作：一方面，他给自己施加压力，要求自己在面试中表现出色，以便得到这份工作；另一方面，他知道自己需要保持冷静，才能正常发挥自己的能力。这似乎是一种"第二十二条军规"式的困境。

○ 坚定果敢的行动

卡梅伦在面试前就开始喋喋不休，这是一件大错特错的事。**要避免胡言乱语**，但是不要认为你绝对不能谈论自己的紧张感，因为担心这么做会对你不利。相反，你可以简短地承认自己很焦虑，同时添加一点儿积极的调子。例如说："我在面试时总是会很紧张，但我期待着对这份工作和贵公司有更多的了解。"这么说可以达到恰到好处的平衡。

使用流利的肢体语言。卡梅伦握手就像湿面条一样软弱无力，给人的第一印象很差。当你见到面试官时，要立刻伸出你的手，并热情握手。保持片刻，同时直视对方的眼睛，微笑着说："您好。"和朋友一起练习握手是再简单、再容易不过的事情，可以一直练习到对方觉得你做对了为止。（之后你在任何情况下都能正确地握手了，而不仅仅是在面试中！）坚定的握手方式、平衡的姿势、冷静的声音和手势都有助于传达一种坚定果敢的姿态。

仔细观察巴拉克·奥巴马的肢体语言。它是放松而流畅的。它不会表露出紧张或焦虑，这让他显得镇定自若、坚定果敢。

为了培养出对你有效的肢体语言，专注于一个词和属性（如"冷静""平静""优雅"），并在面试当天，在各种动作**练习中将它体现出来**，如穿衣、吃饭、走路、开车，等等。一开始可能会感到奇怪，但它将帮助你感受并传达出融合得恰到好处的镇定自若和坚定果敢。

说到谈话，注意奥巴马在说话时是如何带节奏的。他会强调某些词并拉长它们。他经常停顿，让其他人有时间理解他所说的话。停顿是一种强大的工具。善于停顿的人丝毫不害怕被对方打断。所以，大声说出你想说的话，用**尽可能直截了当、冷静的方式**去说。

"善于停顿的人丝毫不害怕被对方打断。"

○ 谨记

不要对自己说：你肯定做不好。要告诉自己：无论发生什么，你都会感到有些紧张，但你没什么可担心的，你没什么可失去的（除了工作本身），外面**总**还有其他的机会。

了解你的底线并坚持你的立场

简是一名美发师，正在接受市中心一家新美发店经理的面试。面试开始得并不顺利：经理对简的上一个工作场所不屑一顾，说那是一家二流美发店。简不同意这种说法，但不愿说出来。

这种情况在面试中并不经常发生，但有时你的确会遇到让你感觉糟糕的人。如果你不同意面试官说的某些话，你可以进行选择：大声说出来，或者安之若素。

简不想反驳面试官，这是可以理解的，可尽管在面试时与对方发生冲突是不明智之举，你也不必接受此类面试官的评论，他会采取怀疑、轻蔑，甚至是攻击性的方式来测试候选人。（或者仅仅是因为他天生刻薄！）

面试官表现粗鲁的原因有很多，你不知道会碰上哪一个。但至少，这是一个向他展示你有能力对付暴怒者的机会。

○ 坚定果敢的行动

如果面试官对你很无礼，那么你要冷静地说话，并尽可能出色地完成面试。如果对方态度很消极，那么你很可能并不想在那里工作。但是，如果你认为对方只是当天过得不太顺心，那就尽量争取最好的结果。

如果你决定直言不讳，那么你**只须简单地解释一下你为什么不同意对方**。在本案例中，当面试官对简的上一个工作场所不屑一顾时，简可以回答："因为那家美发店收费不是很昂贵，我想这很容易让人以为它没有提供高质量的服务。但实际上，那里的所有员工都是专业的、训练有素的美发师，都有固定的客户群。"

如果面试官坚持自己的看法，那么你只须表示听到了他说的话，并**通过重复自己的话来坚持自己的立场**："我知道您之所以这么说是因为有人告诉您那是一家二流美发店，但那里的所有员工都是专业的、训练有素的美发师，都有固定的客户群。"

然而，如果你没有足够的信心去冷静地表示反对，那么就不要去尝试了。如果你选择安之若素地渡过难关，那么你只须无视这句评论。你可以假装没听见，只是微笑或漠然凝视对方。

别忘了，**你并不是一定要坚持自己的主张**。一个坚定果敢型的人可以选择以消极的方式进行回应，并承认"我不会对此做出反应或采取任何行动"。他们可能不喜欢对方所说的话，但他们认识到，通过选择**不坚持**自己的主张，他们可以控制局面。另外，如果你决定坚持自己的主张，那就通过冷静地陈述和重申你的观点及经验来保持控制权。

> **"通过冷静地陈述和重申你的观点及经验来保持控制权。"**

○ 谨记

你并非一定要接受面试官粗鲁的表现，只需要冷静而礼貌地应对。

询问更多的信息

舒拉正在一家大型园艺商店面试一份苗圃销售助理的工作。她以前从未在园艺商店里工作过，但是有零售和客户服务的经验。

到目前为止，主要是面试她的人在说话，而舒拉只被问到一些除了回答"是"或"不是"之外几乎不需要再说什么的问题。然而，就在面试快结束时，舒拉被问到一个她并不明白的问题："你认为我们怎么做才能最好地帮助园丁适应气候变化？"舒拉含混不清地咕哝说，她不确定自己真的能帮上什么忙。

舒拉没有信心说她不知道这个问题的答案。尽管通常的建议是，预测你会被问到的问题，然后进行准备，但除非你有一个水晶球，否则你是不可能预先知道所有问题的！

○ 坚定果敢的行动

说到如何应对一个你不明白或不知道答案的问题，最好的建议就是**诚实地说你不明白**这个问题。这样做是没有问题的，你有权说你不明白，并要求对方提供更多的信息。

如果面试官不屑一顾地说："你居然不知道？既然申请这个职位，你就应该知道。"你可以冷静地回答："我对这方面了解不多，但它听起来很有趣。您能再多告诉我一点儿吗？"

不管这是不是一个故意的、旨在考验你会如何应对的花招，总之，**你对自己不明白问题的处理方式能够暴露很多关于你的信息**。事实上，面试官很可能并不会因为你缺乏知识或理解力而感到失望，反而会对你厘清和处理困难情况的能力印象深刻。

除了那些你不可能预料到的问题外，通常还有其他一些困难的面试问题是你**可以**事先做准备的。例如"过去你是如何与难相处的同事打交道的"，或者"我们为什么应该给你这份工作"。

你只须在搜索引擎中输入"面试难题"，然后从引擎所提供的选项中选择一个与你面试相关的问题，就可以进行尝试了。根据你的背景和技能考虑适当的回应方式，并写下你的答案。答案不一定有正确或错误之分，但在你做出回应之前，要仔细考虑你所应聘的工作、你的能力和公司本身的情

况。**事先做充分的调查研究并准备好**你可能被问到的问题的
答案。

"你只须在搜索引擎中输入'面试难题'。"

○ 谨记

不要让棘手的问题把你击垮，并毁了面试的其余部分。
如果你不明白的话，要诚实地说出来，同时要求对方解释
说明。

识别你的优势和缺点

陈正在接受一个三人面试小组的面试，以获得英国
郡议会新闻办公室的一份工作。一位面试官问："你能谈
一谈你的技能、优势和缺点吗？"陈感到很恐慌，心想自
己该说些什么："如果我说我擅长什么，他们会认为我在
炫耀，如果我提到我的缺点，这岂不是在给他们理由认为
我不能胜任这份工作吗？"

要求应聘者描述自身的优势和缺点是一个教科书式的面
试问题。这个问题之所以经常会被问到，是因为面试官们认
为除了其他信息之外，对这个问题的回答有助于他们洞察应
聘者的自我意识水平。

通常，人们觉得很难谈论自己的优势和能力，因为他们不想被视为在"自吹自擂"。然而，参加面试并不是该对自己能力感到害羞及表示谦虚的时候。雇主需要知道你擅长什么，以及你能够为这份工作和公司贡献什么，或者无法做到的部分。你需要提前准备好这个问题的答案，这样你才能够用自信和坚定果敢的方式做出回应。

○ 坚定果敢的行动

每个人都可以识别出自己的一些技能和优势。如果它们确实是你的技能和优势，那么它们带给你的感觉会很真实，"这就是真实的我"。而且，当运用这项技能或优势时，你也会感觉很好。如果你可以将这项技能或优势应用在新工作中，并且它能让你更轻松和迅速地做好一件事情，那么它就绝对值得一提。

清楚而直接地说明你的技能和优势是什么之前，请准备好描述两个或三个技能和优势。最重要的是，你必须**用证据支持你所提到的每一项技能和优势**。例如，不要只说你有良好的客户服务技能，而是要通过描述你认为什么是良好的客户服务技能来证明这一点，包括迅速给予顾客关注，以及表现出友好、乐于助人、关切的态度等，然后举一个例子说明你是如何运用这些技能的。

那么你的缺点呢？在第2章中我们指出，坚定果敢型的人不会总惦记着自己的缺点，而是会从错误和经验中学习。

你必须记住，没有人是完美的，面试官也知道这一点，所以他只是想知道你任意方面的缺点，**你如何看待自己的缺点，以及你正在采取什么措施来改正缺点**。

就像谈论你的技能和优势一样，你必须为此做好准备。

一个办法是谈论一项技能或优势，并描述它在什么情况下会转化为消极因素。这种情况很常见，因为我们所有人都像一枚硬币，由正反两面组成。试着就不同的品质和成就展开讨论，看看怎么说比较合适。比如说："我很执着，总是会把事情一直做到底。但这有时会让我对那些工作节奏与我不一样的人感到不耐烦。"

"谈论一项技能或优势，并描述它在什么情况下会转化为消极因素。"

另一个办法就是选择一个性质适中的缺点，比如一个不会让你面试失败的缺点，然后描述你正在（或已经）采取什么措施来改进这个缺点。例如，你想提高自己制作电子表格的技能，所以你现在正在学习相关课程。

始终致力于把缺点转化为积极因素。例如，如果你缺乏经验或技能，就申明这一点，但也要说你很乐意学习，或者说你很希望在这个领域完善自己。比如说："我在客户服务方面没有太多经验，但我很想更多地参与其中。我与人相处融洽、善于倾听、擅长沟通，所以我觉得在以客户为核心的环境中我会如鱼得水。"

○ 谨记

做足准备！在面试之前，早早列出你与应聘职位相关的优势和缺点。每个人都有自己的技能和优势，要以坚定果敢的方式展示它们，既诚实又明确。

重要提示

- 有能力表现得坚定果敢是在面试中表现出色的一个重要因素。雇主将认为你在面试中的举止表现会与你在工作中的表现相一致。
- 准备工作是关键，对要面试的公司和可能被问到的问题进行调查研究。别忘了练习坚定果敢的肢体语言。
- 坚定果敢的表现会帮助你给他人留下自信、能干的印象，让面试官认为你很可能与他人相处融洽，能够把事情做好。

CHAPTER 10

第 10 章

如何在会议上表现得坚定果敢

我绝不开会。

——卡尔·拉格斐

你是如何参加会议的？你会积极占据上风吗？还是说，即使你很想说一些话，你也会倾向于保持沉默？

会议**能够**发挥有益的作用，它能把人们召集到一起，从而做成事情。然而，会议结束时间往往会被拖延，而且最后并不会产生任何明确的决议。

尽管组织和运行会议的责任主要在于举办会议的人，但你仍然可以发挥作用。比如，你可以确保会议取得一些有价值的成果。

管理你的期望并做出贡献

里卡多是英国一所高校的兼职教师。他不喜欢参加每月一次的教师会议，他觉得这些会议冗长、枯燥而混乱。与会者不会聆听彼此的话，会议时间过长，而且似乎从来不会产生任何明确的决议。里卡多从不说太多话，往往从头坐到尾，偶尔吐口气或吸口气，在手机上查看时间，希望会议能尽快结束。

你是否参加过因细节问题而陷入僵局，或者因次要问题而偏离主旨的会议？你是否曾在会议上缺乏足够的信心去表达自己的观点？你是否参加过那种似乎总是同一个人在主导、大家不断抢着说话的会议？

通常，我们认为他人的行为方式有对错之分。当人们的行为和所处的环境不符合我们的期望时，我们会感到失望。里卡多希望会议（任何会议）都遵循一定的秩序和规程。当情况并非如此时，他就会感到不满，拒绝参与其中。

然而，如果你能对自己的角色承担起责任的话，会议就更有可能取得成功。也就是说，每个人都有机会表达自己的想法和观点，并产生明确的决议。

"如果你能对自己的角色承担起责任的话，会议就更有可能取得成功。"

○ 坚定果敢的行动

心不在焉地乱写乱画、看手机、吐气和吸气都是用来表达你的感受的间接而不诚实的方式，这些都是被动攻击行为。如果你像里卡多一样别无选择，必须出席会议，那么你就不应该生闷气，而应该下决心让出席会议变得更有价值！

带着一个目的去参加会议，比如带着去讨论某件事情、了解某件事情或促成某件事情的目的。如果你不确定自己是否能有所贡献，那么就抓住机会练习你的倾听技能。如果你

发现很难安静地坐着听,那就记笔记,包括飞快地记下问题、想法和见解。

要留意他人在说什么。留心他人是不是说了什么**确实让你感兴趣的事情**。不要只是点头或摇头,要说出你的想法!比如说:"我很想听吉姆再多说一些。他的想法听起来很有意思。"

你也可以通过向比较安静的人征求回应、想法或意见来鼓励对方更加坚定果敢。要确保你的语气不是咄咄逼人的,并用名(而不是姓)称呼对方:"吉娜,你觉得这个……怎么样?"

当你确实有一个观点、看法或想法时,不要只是在心里默想,而要把它说出来。谈吐要清晰,不要含含糊糊或急急忙忙。

如果有人插嘴,就看着他们,称呼他们的名字(在这个例子中是利亚姆),礼貌地说:"利亚姆,我只想把我的话说完。"如果其他人在说话时被打断了,或者有人开始跟旁边的人开启另一场对话,你也可以说类似的话:"利亚姆,我们能让玛丽安娜把她的话说完吗?"

在会议上,发言的人常常会偏离主题。如果发生这种情况,你要非常礼貌地、不带任何挑衅意味地说:"我不太确定您现在说的东西与我们所谈论的话题有什么关系,您能解释一下吗?"

当某个问题或分歧似乎拖了太长时间时,你可以提出下一步可以采取的行动："我们……怎么样？"或者说："我们是不是至少可以同意……"

以这种方式参与会议能让你更有可能清楚地了解其他人的想法和共识，以及他们接下来会采取什么行动。

○ 谨记

当会议没有达到你的期望时，不要怨恨和责怪他人，而要让自己更坚定果敢。你要负起满足你自身需求的责任。

培养你的自信心和自尊感

谢丽尔和里卡多在同一所高校任教。她经常觉得教师会议令人沮丧。她的直属领导莉娜很少支持教师们的观点，而通常会遵从学院负责人的指示。

在下一次会议上，谢丽尔想讨论一下莉娜创建的越来越多的表格和文书工作，这些是教师们必须完成的工作。谢丽尔觉得很多文书工作既耗时又没必要。然而，她对于要当着学院负责人和其他教师去面对她的直属领导并采取坚定果敢的态度感到发怵——她担心自己会给人留下咄咄逼人的印象。

谢丽尔面临的关键挑战是如何在不同级别的权威人物面前表现得坚定果敢，并且让在场的所有人听她说话。

当然了，如果你缺乏自信、担心他人的想法或感受，或者觉得他人可能会破坏甚至嘲笑自己的发言，那么要采取坚定果敢的态度可就不容易了。

但是坚定果敢的好处之一是你不会因为惧怕冲突而保持沉默，你会说出你想要什么和不想要什么，哪怕你心怀恐惧和担忧。你不觉得你必须证明什么，也不认为你必须压抑自己的想法，同时你也准备好承担说出你的感受和需求的后果。

坚定果敢的另一个好处是：无论你的交谈对象是谁，由于坚定果敢的原则始终如一，所以你能够以平等的视角对待每一个人，并基于此做出回应。**他人的地位或职位不能阻止你表达你的担忧，你知道你们所有人都是同样重要的。**

"以平等的视角对待每一个人，并基于此做出回应。"

○ 坚定果敢的行动

当然，对于表达自己的感受，表达自己想要什么和不想要什么感到担忧是很正常的。但是，**与其专注于自己有多焦虑，不如把精力和注意力放在你想要实现什么目标上。**

一如既往地，弄清楚你想要什么和不想要什么是第一位的。考虑一下你认为什么是可以接受的、什么是不能接受的，但要准备好灵活应对。知道并表明你愿意谈判将为你赢得他人的尊重。

"知道并表明你愿意谈判将为你赢得他人的尊重。"

谢丽尔决定，尽管她希望减少表格和文书工作，但是她准备就什么是必要的文书工作，以及什么只是复制其他表格和文件中收集的信息的文书工作进行磋商谈判。在会议上，谢丽尔解释了她的担忧，并问道："我们能简化文书工作吗？大家对此有何看法？"

当你表现得坚定果敢时，你会对他人的观点持开放态度，即使他们的看法可能与你的不同。但是这种态度必须与以下事实保持平衡：**无论你在与谁打交道，你都拥有自己的权利。**

谢丽尔的岗位职责显示，她每周将花两个小时用于批改作业和其他管理工作，但实际上，她通常要花上三四个小时。

要知道，当你**不顾**自己的恐惧或担忧，用坚定果敢的方式表达自己的担忧，并与他人打交道和处理各种情况时，你也是在培养你的自信心和自尊感。

一旦谢丽尔在会上清楚、简洁地表达了她想要什么和不想要什么，其他教师也开始畅所欲言，他们也认为文书工作需要进行修改。学院负责人同意复核教师应该完成的管理工作量。

此时谢丽尔感到更加自信，她礼貌地提出了自己的观点，建议他们作为一个团队（包括教师、直属领导和学院负责人）应该一起复核文书工作。令她惊讶的是，她的直属领导和学院负责人都对此表示同意。

○ 谨记

当你表现得坚定果敢时，你能够让他人知道你想要什么和不想要什么。你不会允许对他人地位或权威的担忧阻止自己大胆说出心中所想。

坚持自己的主张会让你获得掌控感，并让你相信自己可以通过做一些事情来积极应对他人和一系列的情况。

对他人的观点持开放态度

克莱夫是英国一个居民团体的成员。每三个月，团体成员将会开会讨论与他们所在公寓街区有关的问题，如建筑物和花园维护、停车问题、制造噪声的邻居等。克莱夫经常在这些会议上发火，而且当人们跟他看法不一致时，他往往会咆哮，或者沮丧又难过。他觉得其他居民对他的观点不屑一顾，不让他发表意见。

虽然所有人都能及时收到每次会议的议程，但是克莱夫并不去阅读议程，也不去了解任何关于要讨论问题的信息。他出席会议时毫无准备，什么都不了解。他对问题的反应让人觉得他是充满挑衅的、争强好胜的。

问题是，用不恰当的方式表达强烈的感受可能会让其他人感到威胁和不舒服，从而导致他们联合起来反对你。

　　好在你有很多办法可以用来表达自己的观点，并**确保你的观点和反对意见得到倾听和回应。**

○ 坚定果敢的行动

　　在你参加会议之前，确保你已经阅读了议程。问问自己："我知道这次会议的目的是什么，以及要讨论什么问题吗？"

　　当你有话要说，包括提出问题和想法或提供信息时，一定要具体。**确定你的观点究竟是什么，并举例支持你的观点或想法。**用缓慢而平静的语气去说。

　　倾听他人想说什么。当你表现得坚定果敢时，你会对他人的观点和意见持开放态度，即使你知道这将和你自己的看法相左。是的，你有你的权利，但他人也有其权利。这并不意味着你不能表示异议，但不要采取咄咄逼人的态度。例如，在反对他人时不要说："你是外星人吗？"你只须陈述哪些地方是你不同意的，然后解释你为什么不同意，以及可以采取怎样的替代方案："我认为这行不通，因为……，我建议的是……"

　　用"我"来表达自己的观点。不要说："你错了。"而要说："我不同意。我认为……"或者说："我相信……"如果你能**以提建议的方式表达想法**，尤其是在气氛变得剑拔弩张时，这也不无裨益。不要说："我们必须……"或者说："你们应该……"而要说："我们是不是可以……吗？"或者说：

"如果……是不是会有所帮助吗?"

准备好做出妥协,你的目标并不是每次都必须赢。坚定果敢意味着通过相互让步来解决意见分歧。你的目标是通过做出这些让步来达成一致。

"准备好做出妥协,你的目标并不是每次都必须赢。"

如果你意识到自己出了小差错,未能坚定果敢地进行交流,这时最好的做法就是道歉。这至少为下一次进行更好的交流留下了余地。

○ 谨记

你可以通过自己的表现好坏来衡量你与他人的交流成功与否。即使他人不同意你的想法和观点,你也可以坦然离去,因为你知道你是以一种坚定果敢,而非咄咄逼人和挑衅的方式来处理相关情况的。

重要提示

- 对自己在会议中的角色承担起责任。当会议没有达到你的期望时,不要怨恨和责怪他人,要让自己变得坚定果敢。
- 带着一个目的去参加会议,比如带着去讨论某件事情、了解某件事情或促成某件事情的目的。如果你不确定自己是否能有所贡献,那么就抓住机会练习你的倾听技能。

- 不要因为惧怕冲突而保持沉默，而要畅所欲言，哪怕你心怀恐惧和担忧。你不必证明什么，但也不必压抑自己的想法。当你表现得坚定果敢时，你会以平等的视角对待每一个人，并基于此做出回应。他人的地位或职位不能阻止你表达你的担忧。

- 当你有话要说时，包括提出问题和想法或提供信息时，一定要具体。确定你的观点究竟是什么，并举例支持你的观点或想法。用缓慢而平静的语气说。

- 知道你拥有自己的权利，但是准备好做出妥协。你的目标并不是每次都必须赢。坚定果敢意味着通过相互让步来解决意见分歧。

第 11 章

如何帮助他人表现得坚定果敢

我们应该造桥,而不是筑墙。

——马丁·路德·金

每当两个或两个以上有着不同需求和期望的人待在一起时，就可能发生冲突。帮助他人表现得坚定果敢需要将交流、坚定果敢、咨询和调解的技能结合起来。

下面，我们就来看看如何在四种不同的情况下引导他人坚定果敢地采取更富建设性的行动。

帮助他人说出问题是什么

劳雷尔在一所中学繁忙的办公室里工作。在过去的几周里，她注意到她的同事艾比对她"表现得很滑稽"。艾比似乎在回避劳雷尔。当艾比和她交谈时，艾比不肯进行眼神交流，场面显得尴尬而不舒服。

艾比的态度和行为让劳雷尔感到困惑，并且在办公室里营造出了一种紧张的气氛。劳雷尔想让艾比解释问题所在，但她又担心如果去质问艾比，就会与艾比发生争吵，或者会让艾比退缩。要处理这个局面似乎很困难，甚至似乎无解，但总得有人来打破僵局。

　　劳雷尔在这里遇到的挑战是要让艾比敞开心扉，说清楚究竟是什么在困扰着她，以及她想要什么或不想要什么。

　　倾听、试着理解对方的观点，并表明哪些观点是你同意的，这些都有助于帮助对方改变被动攻击的抗拒立场，转而告诉你与你闹别扭的原因。

○ 坚定果敢的行动

　　如果劳雷尔双手叉腰走到艾比面前，质问她："你对我有什么不满意的？"艾比可能会觉得下不了台，要么做出愤怒的反应（攻击行为），要么否认有问题存在（被动行为）。

　　帮助他人表达自己感受的第一步是**诚实地表达你自己的感受**："我觉得有什么地方不对劲，这让我很担心。我不希望我们之间出现问题。你是在生我的气，还是有别的什么事吗？"

　　在这种情况下，艾比咕哝道："哦，是的，你总是对我要求太高。"

　　有时候，人很难控制住为自己辩解的冲动，但是千万不要这么做！你的职责是帮助对方说清楚他究竟有什么感受，因此你得提出问题，以便澄清，特别是当对方提出的指控很笼统时（"你**总是**……"）。

> **"你得提出问题，以便澄清，特别是当对方提出的指控很笼统时。"**

让他说得更具体一点儿："我不太明白你的意思。你能给我举个例子吗？"

一旦对方对自己的想法做出了更清楚的解释，你要确保自己理解正确："你认为这意味着我……吗？"或者说："让我看看我是否弄明白了。听起来你好像觉得……"或者说："那么，你的意思是……吗？"

提出问题，以便澄清，直到对方也认为你的理解是正确的。

当你确实同意对方的看法时，就表示同意。这有助于建立共同点，可以为解决问题打下良好基础。例如：

- "我必须同意，最近我压力很大，而且……"
- "我同意，我……"
- "你说得对，我确实……"
- "我必须承认……"

到此刻为止，你的角色一直是帮助对方表明他的观点。开启对话、请对方解释他的感受、倾听他的回应，并在合适的情况下找到双方的共同点。完成这一切后，**可以询问对方："你希望获得什么结果？"**这是帮助对方变得坚定果敢的一个关键步骤，即让他承担起说出自己想要什么或不想要什么的责任。

既然你已经帮助对方表明他的观点了，那么现在你就可以做出回应了。你可以决定不同意他的观点并坚持你的立场，也可以认同你的行为确实存在问题并进行道歉，或者也可以觉得有谈判或妥协的余地。

○ 谨记

帮助他人表明自己的观点会增加你们双方"双赢"的可能性。你要帮助对方描述他的感受，倾听并承认他的观点，以及讨论可能的推进方向。秉持"我们完全可以解决这个问题"的态度非常有助于对方表明自己的观点，并说出他的真实感受。

帮助他人说出自己的感受及想要什么

马库斯的朋友比尔对自己的妹妹杰玛感到很生气。他向马库斯抱怨说，杰玛经常组织家庭聚会，但只在宗教节日邀请他参加。他从未被邀请与杰玛的家人和朋友共进周日午餐或烧烤。

比尔感到越来越愤懑。他不断向马库斯抱怨，说自己没法去和杰玛谈这件事，而杰玛是他的妹妹，理应了解他的感受。

马库斯怀疑，比尔之所以没有被邀请，是因为他经常在社交场合喝得太多，然后就会大嚷大叫，变得盛气凌人。但是，比尔住的地方离杰玛家有两个小时的车程，所以也可能是杰玛认为比尔不想跑那么远。然而，马库斯需要做的并不是猜测原因，而是帮助比尔停止抱怨、说出自己的想法，并让杰玛知道自己的感受，接着就是由杰玛负责解释原因了。

○ 坚定果敢的行动

当一个人对另一个人有所不满时，他要尽可能地进行同情和理解。**要努力从对方的角度看待问题。**不要说"别傻了""你反应过度了""你太滑稽了"，就好像对方的感受不值一提似的。这种评论只会激怒对方或者使对方陷入沉默。另外，如果你真想帮助某人表明自己的观点，就要避免不假思索地提出建议和解决方案。

其实，你的重点是帮助对方表达自己的感受并决定是否就此采取行动。你只须表示你已经听到他说的话，而且你已经理解他了。例如："那么，我的理解是，你觉得自己被冷落了，而且你无法确定杰玛究竟是故意排斥你还是仅仅是忘了邀请你，对吗？"

接下来，**帮助对方弄清楚他想要什么，以及下一步可以做什么。**

马库斯可以简单地问："你希望你妹妹怎么做？"

通常，你会发现对方的回答是继续抱怨："哦，我也不知道。我就是觉得这不公平。我并不是说她每次都应该邀请我，但我就是弄不懂她为什么要这样做……"

　　再一次，你得承认对方的感受，同时重复提问："你希望获得什么结果？"或者说："你想对此采取什么行动？"

　　帮助对方说出具体的想法。你的目的是促使他看到，抱怨和指责于事无补，但通过弄清楚他希望接下来发生什么，他就可以控制局面。

"通过弄清楚他希望接下来发生什么，他就可以控制局面。"

○ 谨记

　　当你在帮助他人表现得坚定果敢时，要避免不假思索地告诉对方应该做什么的冲动。相反，你应该使用基本的咨询技巧。倾听、提问，简洁而试探性地重复对方的话，这些将有助于其更好地看清形势，并给予其信心去坚持自己的主张。

帮助他人设定底线并捍卫自己的权利

　　纳迪娜注意到她的同事雷正在遭受他们经理约翰的霸凌。起初，雷向纳迪娜否认这是个问题，但是有一天吃午饭时，雷承认，在众人面前被大声斥责、自己的工作被当众挑剔，以及受到不公平的批评，这种羞辱让他觉得很难堪。他请求纳迪娜给予帮助。

纳迪娜若想帮助雷变得更加坚定果敢，做两件事情会有帮助，而且这两件事情同等重要。首先，纳迪娜需要帮助雷设定自己的底线、维护自己的权利，并勇敢地为自己辩护。其次，纳迪娜必须通过直接面对约翰，以及说出她对其行为的感受来支持雷。

○ 坚定果敢的行动

当人们遭到霸凌时，羞耻、内疚和绝望的感觉可能会令他们否认问题的存在并保持沉默。如果他们向你敞开心扉，那么在那一刻你要尽可能地表示同情和理解。

倾听他们、努力理解他们的观点，以及同情他们的感受，这些都有利于帮助他们减少被孤立的感觉。一旦你听完他们讲述霸凌行为给其带来的感受，你就要帮助他们确定如何应对另一次攻击。

首先，纳迪娜可以鼓励雷确定他的底线和权利。雷也许觉得自己可以容忍他人提出批评，但是不能容忍他人对他大喊大叫。其次，雷可能发现，在同事面前遭到批评是一种耻辱，他无法接受。

纳迪娜可以和雷讨论一下，当约翰下次在其他员工面前对雷吼叫时，雷应该说什么，并提议与他一起练习坚定果敢的回应方式。（别忘了练习坚定果敢的肢体语言！）要鼓励被霸凌者使用非情绪化的语言，并且密切关注事实，而不是去指责霸凌者。告诉他们每次只处理一个"事件"，而不是在受到委屈时试图将所有事情一股脑儿搬出来解决。

　　"鼓励被霸凌者使用非情绪化的语言，并且密切关注
　　事实。"

　　在帮助雷确定自己的底线，以及他会告诉约翰自己能
够或不能够接受什么之后，纳迪娜需要向雷保证，她也会让
约翰知道她并不喜欢他的行为。**如果你知道有人正在遭到霸
凌，而你却没有做任何事情去帮助他，那么你就是在帮助霸
凌者！**

　　挑选一个合适的时间，问对方你是否可以谈论一个让
你感到担忧的问题。冷静、简洁，不带夸张地解释你要说的
事情。以"我一直觉得……我很希望你不要……"作为开
场白。告诉对方你希望他将来怎么做，并提醒对方公司有反
霸凌政策，该政策旨在保护员工的权利。要避免将一个问题
与另一个问题相混淆，也不要使用过去的案例来说明你的观
点。使用过去的案例可能导致对事实的扭曲和操纵，因为对
方可能已经忘记了，或者对方记住的情况与你不一样。

　　如果霸凌行为没有停止的话，事先决定好你将采取什么
措施是很有用的，但你不必把这些告诉对方。

○ 谨记

　　帮助他人维护自己的权利并不能保证人们会停止霸凌行
为，但意味着你将帮助被霸凌者说出他的感受、他想要什么

和他拒绝接受什么。

你也将通过说出自己的想法来表明你的支持。一个霸凌者是无法在他人表达对被霸凌者的尊重和支持的环境中实施霸凌行为的。是的，这么做可能会有后果，但是，做一个坚定果敢型的人并帮助他人维护自己的权利，本身就意味着要对后果负责。

帮助他人做出明确具体的表达

西蒙的祖父患有帕金森病，最近住进了一家养老院。西蒙去看望祖父时，他的祖母也在那里，她看起来很苦恼。她告诉西蒙，工作人员没有好好照顾她的丈夫，她希望西蒙带她丈夫回家。她拒绝和养老院的工作人员讨论她的担忧，而是坚持让西蒙替她和工作人员交涉。

西蒙很担心，但他意识到现在并不是说服祖母去坚持她主张的时候。同时，作为祖父母的代言人，他需要提供最大的帮助。在这件事情上，最重要的是西蒙得安抚他的祖母，让她平静下来，这样他就可以弄清楚具体是哪些地方让祖母觉得她的丈夫没有得到充分的照顾。

◦ 坚定果敢的行动

在这种情况下，你首先要做的是向对方保证，你会提供帮助和支持。要承认对方的担忧和感受："我看得出你很不安，你显然非常担心。"然后请对方解释其所有的担忧，一次说一个方面。比如西蒙需要弄清楚，究竟是哪些地方让祖母觉得她的丈夫没有得到照顾。

无论对方说了什么，你的任务都不是表示同意或不同意，而是帮助对方解释其担心和忧虑。提出问题，以便澄清，并告诉对方你希望能把其说的内容全部写下来，这样你可以读给对方听，让其确认你理解正确。（这样，当你与工作人员进行交涉时，你也有一份书面记录可供参考。）

"提出问题，以便澄清，并告诉对方你希望能把其说的内容全部写下来。"

一旦你弄清楚了对方的具体担忧，就**询问对方："你希望取得什么结果？"**这是帮助他人表明自己想要什么或不想要什么，以及帮助对方感觉自己具有某种程度的控制力的关键步骤。

通过总结对方所说的话来检验并确认其想要什么："所以，你认为爷爷今天一点东西也没吃？你想知道他没吃东西的原因。你需要一名工作人员在吃饭的时候陪着他，帮助他吃饭。是这样吗。"

明确告诉对方你能做什么或不能做什么。西蒙不能带他的祖父回家，但他可以和工作人员谈话，告诉他们他的祖母希望他们在哪些方面更好地照顾他的祖父。

○ 谨记

　　作为其他人的代言人，你要代为陈述他们的观点、愿望和权利。因此，重要的是要确定他们究竟想要什么和不想要什么，这样你就不会歪曲他们的意思。把一切都写下来，让每个人都有机会确定哪些东西是说过的，哪些东西是没有说过的。

重要提示

- 在帮助他人表现得坚定果敢时，要避免越俎代庖，不要向对方提出"应该"或"不应该"做什么的建议。
- 你不必同意或不同意对方的意见。你的任务只是帮助他表达自己的感受，以及他想要什么或不想要什么。
- 让对方知道，感到愤怒或焦虑是很正常的，他不必对此感到内疚。而且，无论情况如何，对方都可以勇敢承担起责任，并获得一定程度的控制权。

CHAPTER 12

第 12 章

如何与难相处的人打交道

生活就是一面镜子，如果你对它皱眉，它也会对你皱眉；
如果你微笑，它也会回应你的问候。

——威廉·梅克皮斯·萨克雷

本书中描述的坚定果敢的技巧能应对许多困难局面，但是你可能遇到始终会带来一些麻烦的人，哪怕你已经尽了最大努力用坚定果敢的方式面对他们。如果让你觉得难相处的人（如难对付的顾客、脾气暴躁的出租车司机或态度生硬的接待员）是你偶尔才会碰见一回的人，那么问题不大。然而，如果这个人是家人或同事，而你觉得你一直在与他"搏斗"，或者一直在焦虑地等待下一个问题的出现，那么你就需要一个应对策略。否则，你就会发现自己故意错过了家庭聚会或者害怕去上班。

你之所以选择读这本书，可能是因为在你的生活中，有人让你感到"难相处"。要解决这个问题，就与决策一样，没有捷径可走。你需要先学会本书中描述的坚定果敢的技巧，然后才能平静地与难相处的人打交道。换句话说，当你能够非常自如地给予和接受赞美，当你能够自信地向他人寻求帮助并毫无畏惧地说"不"，当你能够坦然提出批评并在受到批评时不感到烦躁不安时，那么你就已经准备好与生活中任何难相处的人打交道了。

坚定果敢型的人在与难相处的人打交道时很少会感到困难，因为他们知道如何保持冷静，以及如何不受对方情绪和要求的影响。你无法改变让你觉得难相处的人的行为，但你可以学会如何与难相处的人打交道，这样对方的行为就无法再激怒、干扰你，或者让你感到不安。

什么样的人会让我们觉得难相处

- **固执的人**：这一类人的固执和无法妥协会让你大惑不解。而且，他们拒绝接受除自己观点以外的任何观点。

- **自私的人**：这一类人习惯性地以自私或充满敌意的方式行事，哪怕其他人向他们指出这有多么伤人。而且，他们可能充满侵略性，表现得粗鲁而残忍。

- **精神依赖性很强的人**：这一类人可能非常耗费他人的精力，因为他们需要你给予大量的时间和关注。而且，他们会全神贯注于自己的烦恼，以至于似乎忘记了你也只是一个普通人，有着自己的生活和问题。

- **消极的人**：另一类可能让你觉得难相处的人是那种态度始终悲观的人，哪怕你已经尽了最大努力向他们指出其他选项。

- **喜欢生闷气的人**：当你试图坚定果敢地面对这一类人时，他们会通过生闷气、保持沉默（如拒绝参与任何关于他们行为的讨论），或者采取讳莫如深的态度来挫败你。

- **非坚定果敢型的人：** 这一类人过于费心地琢磨他们认为你想要的东西，最终却由于过度焦虑和太渴望取悦你而激怒你。而且，像这样的人往往缺乏安全感，要让他们表达自己的观点或需求可能需要付出很大努力。

在我们眼中难相处的人，其行为可能让人难以捉摸，有时甚至很怪异。但他们可能并非一直都很难相处，所以这也会让人感到困惑，并可能导致你在其采取不良行为时试着佯装未见。

为什么有些人会难相处

人们表现出上述行为是因为这么做对他们而言效果很好。随着时间的推移，他们认识到，通过这样的行为，他们可以得到自己想要的。然而他们想要的可能就是，避免因觉得自己愚蠢或被拒绝而产生的痛苦。他们认识到，那种会被贴上"难相处"标签的行为方式可以让其他人更小心翼翼地对待他们。为了避免由被羞辱或争吵失利造成的痛苦而故意表现恶劣，这似乎不合乎逻辑，但这些行为是他们从生活经历中学习到的——我们可以在那些为了引起注意而表现恶劣的儿童身上看到这一点。

记住：你无法改变他人的行为，你只能改变自己。你可以改变自己，以及你对他人行为的反应。

从你自己开始

留意其他人是如何与你觉得难相处的人互动的，这可能很有用。是不是大多数人和这个人相处起来都遇到了困难？是不是有一些人能与他们融洽地相处或合作？

如果职场中的其他人遇到了和你一样的困难，那么你或许可以与人力资源部的同事讨论一下（毕竟，这是他们的工作）。很多时候，在工作场所，你只须将情况告诉他人就可以解决问题，但你可能会出于羞耻感或无谓的忠诚而在一个人痛苦挣扎。教师们要在环境艰难的学校中生存下去，一个办法就是向他人倾诉自己的问题（比如关于学生或同事的），并将这些问题反映给相关人员。那些试图在沉默中坚持下去的人通常会请很多病假，或者最终递交辞呈。

如果只有你一个人觉得这个人很难相处，那么你可能需要**反省一下你对这个人的态度**。也许这个人在过去曾与你作对（比如说向你隐瞒了一些信息、对你撒过谎，或者传播过关于你的流言蜚语）？怨恨很容易变成永久性的，然后你们之间就变得永远很难相处。

> **"怨恨很容易变成永久性的，然后你们之间就变得永远很难相处。"**

解决这个问题的办法是原谅对方。一旦你决定这样做，并表现出真诚的友好姿态，事情就会以令人惊讶的速度被迅速忘却。你得下决心**不让过去的事情继续毁掉你的现在**，你得下决心不再让这些小事困扰你，因为你现在是一个自信的，能表现得坚定果敢的人了。如果对方提到这些事，你只须宽宏大量地说："忘掉它吧。我已经忘了。"同时露出一个真诚的微笑。

这值得一试。

类似地，如果你是唯一一个觉得某人很难相处的人，那么你可能需要反省一下自己的态度或偏见。比如说，你倾向于对人形成刻板印象，而新来的女同事穿着鞋跟高得可笑的鞋子，化着一脸浓妆，你觉得她不是你理想中的同事。因此，她的尖声唠叨会激怒你，并造成一种火药味十足的气氛，因为你已经给她定了型。要承认你可能没有给某人一个公平的机会去好好了解，需要你对自己的偏狭程度进行非常诚实的评估。当然了，对方也会因你对待其的态度变得敏感，于是"难相处"的局面就开始螺旋式上升了。

我们在前文中提到，有时候提出批评的人自己也有同样的行为。同样地，我们也可能会在我们觉得难相处的人身上发现自己的行为特点。还有可能，我们会发现我们不喜欢某人并没有明显的理由，这可能是因为对方会让我们在潜意识中的某个地方，联想到过去认识的某个不友善或满口脏话的人。再说一次，如果这种人际关系给你带来了一些麻烦，那么唯一的推进办法就是**抛开你的种种假设，真正尝试去了解那个人**。

你可能会反对这条建议，特别是如果你已经跟对方"交过火"或发生过全面的激烈争吵。但是**一个坚定果敢型的人**

不会害怕自己看上去很愚蠢、遭到拒绝，或者害怕放下"架子"。如果这么做能够消除你在这个人面前的不适感，或者能够带来更和谐的氛围，那就是值得的。尝试一下不会给你造成任何损失。

精神依赖性很强的人

桑德拉是当地一家健身俱乐部的健身教练。她热爱自己的工作，经常被要求去指导新的实习教练。一位名叫曼迪的年轻女性开始独占她的时间和精力，她总是想方设法在桑德拉身边工作，然后在整个训练过程中不停地与桑德拉交谈。曼迪有很多个人问题，这让桑德拉感到不适，因为她既不想听，又不想表现得很刻薄。她尤其不喜欢曼迪在休息时过于接近她，并一刻不停地对她说话。桑德拉为曼迪感到难过，并且担心自己对曼迪说的任何话都会让曼迪感到不安，会"让曼迪抓狂"。桑德拉开始害怕上班，并且在考虑辞职。

如果是你，你会怎么做？像曼迪这种精神依赖性很强的人似乎能够无视所有不成文的社会行为准则，并且似乎意识不到他人肢体语言所传达的信息。桑德拉试图避免目光接触，并试图在曼迪靠得太近时让开。她尽量不对曼迪告诉她的事情做出任何反应，不提问也不发表意见。然而，曼迪仍然没完没了。桑德拉为曼迪感到难过，因为她是一个善良的人，不忍心伤害他人的感情。

○ 坚定果敢的行动

对于那些精神依赖性很强的人，你必须对他们划出非常明确的边界。然而请注意，这不必以不友善的方式进行。桑德拉可以在训练开始时说："对不起，曼迪，我希望能够集中精力指导我的客户进行练习，如果你跟我说话，我就没法这样做了。"这番话必须说得明确而自信，这样就不会有任何误解，但你也不必咄咄逼人。如果桑德拉有时间并且愿意的话，她可以补充说："要不下班后一起去喝杯咖啡？"如果你觉得自己无法说出这些话，那么另一种策略就是与你的直属领导谈一谈。

如果你觉得生活中有个人要求你倾注所有注意力并且在不断消耗你的精力，那么**有时候除了把实情告诉对方之外，你别无选择**。事先进行练习，确保你使用的话语直接而明确，但是要给对方保留一点儿自尊。所以，如果有个朋友每天晚上给你打电话谈她婚姻破裂的事，你可以说："我知道你正在经历一段很困难的时期，我很想帮忙，但是我能否请你在周六早上而不是每天晚上给我打电话吗？因为我发现在工作一天之后听你讲话让我感到精疲力竭。"（最后一句话对某些人而言可能太残酷了，你可以视你和他们的关系如何来定。）

○ 谨记

如果你的生活中有精神依赖性很强的人，而他们正在用各种非常耗费精力的要求来烦扰你，那么你需要采取一些措施，而不是简单地退缩（避开他们或不接电话），这一点至关重要。当然，这么做可能会有后果：**当你拒绝去做他人想让你做的事情时，对方会不开心**，特别是在对方已经习惯于你的顺从的情况下。对方可能决定从此不再和你有任何关系，也可能生你的气，说你太自私。你只须提醒自己，你是一个坚定果敢型的人，正在为自己的行为负责。

"你需要采取一些措施，而不是简单地退缩，这一点至关重要。"

消极的人

威尔已经结婚三年了，但他发现自己与寡居岳母之间的关系越来越糟糕。他尽最大努力与她融洽相处，但发现她对几乎所有事情都持消极态度。而且，所有人都开始让威尔感到沮丧。现在，每当妻子想去看望她母亲或请母亲来做客时，他就开始找借口不到场。他知道自己不可能一辈子躲着岳母，而且他对岳母的态度正开始让他和妻子的关系变得紧张。

消极的人可能非常难以相处，因为和他们在一起会压抑你正常的快乐天性。在工作场所或会议上出现一个消极的人可能将极大地改变整个氛围和风气（正如积极的人可以带来相反的改变）。如果你让性格消极的人的态度影响到自己，那么与这种人生活在一起可能会令人很沮丧。如果你一直在努力改变他们，那么这可能是一项艰苦的工作。

对生活持悲观或消极看法的人是有可能改变的，但前提必须是他们愿意并真的会努力改变。**你不可能改变他人，让他们用乐观、积极的态度看待生活，除非他们自己想得到帮助。**当然了，你可以让那些痛苦或情绪极端低落的人振作起来。请注意，我们在这里讨论的这类人始终会将人生视为一个半空（甚至全空）的杯子。

○ 坚定果敢的行动

威尔的妻子可能已经意识到她母亲对生活的消极态度，并且多年来已经形成了一套应对策略。威尔可以和妻子讨论自己遇到的问题，并请求她帮助自己处理好与岳母的关系。

在工作中，观察其他人是如何成功处理消极情绪的。作为一个坚定果敢型的人，威尔有时可以说他选择不去看望岳母，或者说当岳母来做客时他不会在家。不一定要采取争吵的形式，这种形式只是当你觉得自己还没有强大到足以保持心理平衡时的一种个人选择。消极的人可能会让你精疲力竭，如果你感觉身体不适或者自己也有点儿沮丧，那就千万不要和这样的人待在一起。

"消极的人可能会让你精疲力竭。"

当消极的人在抱怨他们的生活境况（或者是他们的邻居，或者是当今的年轻人，或者是国家医疗服务体系的状况，或者是天气）时，**不要让自己被卷入他们的话题中**。如果你试图和他们争论，那么即使你能证明你是对的，他们也不会高兴，只会另找一样东西抱怨。对方绝对不会说："哦，你说得太对了！为什么我一直以来要对世界持如此消极的看法？"（或者任何其他你梦想他们会说的话。）如果你仔细观察那些能够与消极的人打交道的人，你就会发现他们的成功策略是与之保持距离，拒绝加入抱怨者的行列。

消极的人很享受受害者的角色；他们享受面对世间的种种恐怖事物时束手无策的感觉。除非你是一名训练有素的咨询师，否则你是无法与他们进行合乎逻辑的辩论的。相反，你更可能被拖进他们的世界中。而且，不经任何思考，你就会发现自己正在进一步充实他们的抱怨和错误事项清单。**你必须通过拒绝参与谈话、保持冷漠，或改变话题来保护自己不受这种徒劳感的影响**。

所以，下一次当你和一个不断发牢骚或抱怨的人在一起（而且无法脱身）时，先听他说，然后说："我明白你在说什么。"不要再加一句："但是我……"因为这会将你卷入对方的世界里。你既不应该表示同意，也不应该说："你是对的。"因为这同样只会鼓励他继续说下去。尤其重要的是，**千万不要痴迷于充当他的问题解决者或救世主**，说出诸如"我会去隔壁和邻居谈谈这件事"之类的话。你的目标是保持愉快和超然的态度，而不是卷入对方的牢骚和抱怨循环中。

如果你和有消极倾向的人关系密切，而他们想要改变，你可以试着问他们，如果他们不去做他们所抱怨的事情会发生什么。例如，如果你的伴侣在抱怨她的老板，你可以问："如果你说你不想工作到太晚，会发生什么？"她可能回答："我的老板会很生气。"你可以继续问："如果你继续说不，会发生什么？"她可能回答："我会失业的。"然后你继续问："那接下来会发生什么？"她可能回答："我会变成穷光蛋。"你们可以继续这样的对话。

这么做的目的是向他们展示他们确实有选择的余地。当他们能认识到自己正在选择做某事，认识到他们正在通过自己的选择来避免不愉快的事情发生时，那么他们就不能再扮演受害者了。需要再次强调的是，掌控自己做出的决定并意识到可能的后果都是承担责任的一部分。

○ 谨记

只有当他们想得到帮助时，这么做才能帮到他们。你无法改变任何一个决意保持自己一贯的消极心态的人。

喜欢生闷气的人

> 德里克在一家杂志社担任助理编辑，但他发现有一位同事很难合作，因为对方似乎很容易受到冒犯，而且可能一连好几周几乎不跟德里克说话。这在办公室里造成了一种不愉快的气氛，使德里克很难完成自己的工作，因为他经常需要跟同事讨论手头的工作。当同事和他生闷气时，他很怕去上班，他正在考虑放弃这份他很喜欢的工作。

生闷气和保持安静是不一样的，它意味着已经发生了某件让某人感到怨恨但又无法面对的不平之事。与喜欢生闷气的人生活在一起，或者在工作中成为喜欢生闷气的人的目标是最难处理的情况之一（即使是对一个坚定果敢型的人来说也是如此）。**生闷气是一种霸凌形式**，是当一个人感到除此之外无能为力时的**一种施加控制的方式**。有时，怨恨感会如此强烈，以至于生闷气的人会长时间拒绝说话。这种情况很严重，尤其是发生在伴侣之间时，因为当交流失败时，恋情可能会无法挽回地破碎。在父母喜欢生闷气的家庭中，孩子经常被当成中间人使用："告诉你父亲……"这会使整个家庭感到心烦意乱，并向孩子暗示这是一种可以接受的行为。

○ 坚定果敢的行动

如果德里克与那个人没有太多的互动，他就可以干脆无视这种行为，认定这是那个人自己的问题，而不是他的问题。然而，如果他每天都需要与那个人交流，而这个问题对他影响如此之大，以至于他都想辞职了，那么他就需要应对策略了。

如果德里克已经检查过自身行为（如前文所建议的），发现同事对他的态度没有任何理由或正当性，那么他可以尝试向人力资源部寻求帮助。在这样做之前，他需要记下这种情况发生的时间、频率，以及产生的有害影响。他需要确保能够以直截了当的方式陈述事实，而不必抱怨或夸大其词。同样，他的行为很可能会产生后果，但如果德里克继续害怕上班，这也会产生后果的。

德里克还可以向某位似乎没遇到同样问题的值得信赖的同事寻求建议。**通过观察他人的行为来获得启发**，常常是我们学习处理困难情况的途径。**德里克必须接受的现实是，他的同事不会改变，而德里克必须改变自己的反应方式。**

首先，他必须避免让生闷气的同事看到，对方针对自己的行为让他感到不安了。生闷气的唯一目的就是惩罚对方，不管这种蔑视是真实的还是想象的。如果德里克因为这个人生闷气而变得安静或沮丧，那么**他就成了受害者，允**

许他人操纵自己来采取某种特定的行为方式。要记住，在一开始，坚定果敢的表现常常就像是在进行表演。德里克需要保持冷静，确保自己的肢体语言并不是紧张而充满敌意的。他可以得出结论，他觉得同事的行为很有趣甚至很搞笑。

"在一开始，坚定果敢的表现常常就像是在进行表演。"

其次，德里克在与其他同事相处时必须努力保持自己的快乐天性。当你因为某人的行为而备受折磨时，你很难不感到沮丧并把痛苦发泄在其他人身上。这并不是说德里克应该采取一种虚假的欢快友好的态度，或者对人们说的每一句话都发自肺腑地大笑，而是说他应该表现出他一贯的、令人愉快的、自信的自我。如果同事的行为让他感到压力的话，要做到这些可能需要进行一番努力。

接下来，德里克需要照顾好自己。**如果一个人感到身体不适或睡眠不足，那么所有此类问题都会显得更为糟糕**。德里克可能需要休个短假，或者征询医生的建议，以便能以精神焕发的状态重返工作岗位，并且有能力去应对同事的闷闷不乐和沉默不语。他必须确保生闷气的同事不会在他的闲暇时间里入侵到他的脑海中，办法就是练习驱逐这些想法并用积极的想法取代它们。这是可以做到的。

最后，德里克可以在同事开口和他说话的时候，试着跟对方谈谈这个问题。这是一个坚定果敢型的人会做的事情。

而且，一如既往地，这需要拿出一些勇气。德里克必须**事先练习他打算说的话**，并决定好他打算在什么地方说。他必须**检视自己的语调和肢体语言，以确保自己不会显得咄咄逼人**。最好的办法是暗示这对双方而言都是一个问题："我真的很想解决我们有时在相互交流时遇到的问题。"

○ 谨记

德里克必须认真倾听同事的说法，真诚地试着理解他为什么会那么做，并询问他，自己将来能做些什么来避免同样的情况。

重要提示

- 检查你自己对某人的态度：确保你是公平的，而且你并没有因为他说话或穿着的方式而歧视他们。
- 不要心怀积怨：如果你过去曾与某人发生过冲突或纠葛，试着忘记它，然后原谅对方，向前看。
- 如果你觉得无法靠自己解决这个问题，就寻求帮助，并借鉴其他人与此人的互动方式。
- 当精神依赖性很强的人试图独占你的时间和精力时，试着与之保持距离。而且，不要表示同意他们的看法，以免被拖进对方的世界中。
- 为自己准备做什么设定明确的边界。

- 在适当的时候，与对方讨论其行为。要相信，这不会像你想象中那么可怕。
- 如果你愿意的话（但你不是必须这么做），可以提供一个折中方案。
- 照顾好你自己，确保你是冷静的，并且在任何潜在冲突发生之前得到充分的休息。

第 13 章

如何坚定果敢地做出决策

命运并不取决于机会，而是取决于选择。

——W.J. 布赖恩

与本书中所描述的所有其他坚定果敢的技能一样，在生活的某些方面做决策要比在其他方面做决策容易一些。此刻，你应该已经意识到自己在什么情况下更容易表现得坚定果敢。如果你在家庭生活方面很坚定果敢，那么你很可能会觉得做出与家庭相关的决定比较容易。因此，为你的孩子选择就读的学校或选择去哪里度假都不是问题，因为你对自己在这方面的能力充满信心。然而，如果你在工作中不会寻求帮助或者说"不"，那么你就会觉得做出与工作相关的决定比较困难。

通过练习前面章节中所描述的技巧，你会发现，随着你变得更加坚定果敢，你也会觉得做出好的决策变得更容易了。在本章中，我们将仔细检视前文案例研究中一些人物的困境，以便探讨你可以进一步采取何种措施来帮助自己做出决策。

"随着你变得更加坚定果敢，你也会觉得做出好的决策变得更容易了。"

你的目标是让自己的反应和行为更加一致，从而在生活的各个领域都对做决策充满信心。好消息是，无论你是那种会为每一个小小选择而苦恼的人，还是那种会通过被动的态度来避免做出决策的人，你都有可能将自己训练得更加果断。

区分微不足道的决定和重要的决定

> 万事皆未形成习惯，事事都要优柔寡断，世上没有比这更可悲的人了。
>
> ——威廉·詹姆斯

我们在第 6 章中认识了黛博拉，她很难对邻居说"不"。事实上，黛博拉发现自己在生活中的许多领域都很难下定决心。

黛博拉有很多朋友，因为她很随和，通常可以被说服去顺从他人的愿望。有时这会让人感到恼火，因为她很少表达自己的选择，而当被问及她想去哪里时，她通常会回答："哦，我无所谓，你们想去哪里就去哪里。"当大家一起去餐馆时，黛博拉发现她很难从菜单上选出自己想吃的东西。她会考虑很久，询问每个人打算吃什么，而在她做出选择之后，她又经常会在最后一刻改变主意。当食物被送上来时，她总是会看着他人的食物说："要是我点了这个就好了。"

同样地，当黛博拉和朋友一起去买衣服时，她会觉得很难做出选择。她经常不试穿就买衣服，家中的衣柜里装满了她从不穿的衣服。事实上，她大多数时候都穿同样的几套衣服，并且大部分是黑色的，这不是因为她决定要这样穿，而是因为每天选择穿什么会让她焦虑不堪。

对于家中事务，黛博拉能够轻松地做出决定。多年来，作为单亲妈妈，她已经学会了对孩子们的需要和愿望采取果断的态度。然而，一旦孩子们离开家，她开始与朋友们展开自己的社交生活时，她就发现做决定是一个让她感到很没有把握的领域。她甚至连最无关紧要的事情都举棋不定，这激怒了她的朋友，也激怒了她自己。

我们每天都会做出成百上千个自己都没有意识到的决定。其中一些并不重要，而另一些则可能以一种深刻的方式影响到我们及周围人的生活。问题在于，我们常常会为微不足道的决定而苦恼，却对重要的事情做出仓促的判断。为了能够满怀信心地做出重要决策，一个好办法就是先学会如何果断地处理不重要的事情。

○ 坚定果敢的行动

要想成为一名出色的决策者并更好地掌控自己的生活，

你必须能够区分小决定和真正重要的决定。判断这一点的方法是评估它们在一段时间内的影响力。问问自己："我这一决定的影响力会持续多久？"然后，给不同的决定评定星级：一星类似于选择看哪部电影；二星类似于是否去参加那场婚礼；三星类似于选修哪一门大学课程；四星类似于申请晋升；五星类似于结束一段恋情、移民或生育孩子。（当然，这些只是粗略的指南；只有你才有资格对自己的决定进行评估。）

如果你把所有时间都用来操心微不足道的事情，那么你就无法专注于重要的事情。那些值得你花费时间和精力的五星级决定是那些能让你在午夜时分惊醒的决定，也是那些多年以后对你而言依然重要的决定（这些决定需要花大量时间，也许是几个月的认真思考）。当你给自己时间去思考某件事情时，要确保这是富有成效的思考——它不是盲目而痛苦，一遍又一遍地在原地打转。

如果你意识到自己在小事情上使用了回避决策的技巧，**那么现在就下定决心采取措施吧！**你可能无法在一夜之间改变几乎是与生俱来的习惯，但是你可以使用一些技巧来帮助自己从一个优柔寡断的人变成一个了解自己想法的人。就从你每天都要做出的微不足道的决定开始。

如果你意识到你和黛博拉有类似的问题，那么你就可能需要**采取行动来帮助自己**在无足轻重的事情上**变得更加果断**。例如，如果你发现自己和她一样在穿衣方面遇到了一些困难，就检视一下你的衣服，整理出五套，然后在下周每天穿一套。自信地穿上它们，坚定果敢地接受赞美。同时，下决心不买更多的衣服，除非先试穿（而且在看价格之前一定要决定好你愿意付多少钱）。如果你不知道什么衣服适合你，就考虑去咨询色彩分析师，对方会向你提供适合你的色彩样本。这些建议出自那些优柔寡断的购物者们，他们信誓旦旦地告诉我们，这么做彻底改变了他们的生活。

如果你从黛博拉在餐馆里优柔寡断的表现中**看到了自己的影子**，那么就先去看看菜单上有些什么（大多数餐馆都会把菜单放在网上），并且在出发前选定一样东西。等你到了餐厅，粗略地看一眼菜单，并说出你的选择。这时你的朋友们会感到惊讶，而你则会开始感到自己很强大、很坚定果敢。每当他人询问你想去哪里，或者想看哪部电影时，试着随便选一部（这个决定并不会比你苦苦思索后做出的决定更为"不妥"）。就算这部电影很糟糕也没关系，谁在乎呢？坚定果敢型的人知道，微不足道的决定都是无足轻重的。

一旦你习惯了即刻做出小决定，你就会开始对自己更有信心。这样做的效果是非常显著的，特别是当你先前一直都表现得犹豫不决，永远都无法下定决心时。你会发现人们在以一种崭新的眼光看待你，并且用更尊敬的态度对待你。

○ 谨记

养成对你的决定进行浮动分级的习惯，并留出适当的思考时间。对于所有微不足道的事情都要即刻做出决定，这可以让你的头脑有时间去思考重要的事情。

> "对于所有微不足道的事情都要即刻做出决定，这可
> 以让你的头脑有时间去思考重要的事情。"

共同决策

把你的人生完全掌握在自己手中会发生什么？一件可怕的事情就是，没有其他人可以责怪。

——埃丽卡·琼

　　蒂法尼和保罗已经完成了新公寓的装修，但是他们现在后悔当初买下了它，因为他们不喜欢这个地区。保罗是一名自由平面设计师，在家里工作。蒂法尼在一家保险经纪公司工作，她对自己的生活感到不满已经有一段时间了。当他们所在的地区发生了一连串入室盗窃案之后，蒂法尼建议他们搬到乡下去，试着过自给自足的生活。保罗对此表示怀疑，但还是同意了这个想法。不久他们就卖掉公寓，在达特穆尔高原的边缘地带找到了一座小村舍。

　　当他们到达那里时，他们才意识到那里有多么与世隔绝。蒂法尼不会开车，而最近的村庄里只有一所邮局和一家酒吧。他们想念家人和朋友，并意识到自己犯了一个错误。保罗倾向于指责蒂法尼，因为这最初是她的主意。

这听上去匪夷所思，但事实上，有些人确实会从城市搬到农村，寻找所谓的"美好生活"，然后又突然意识到那里的生活方式与他们想象中的不太一样。（利兹·琼斯每周都会在《星期日邮报》上撰文讲述她做出的这一决定所带来的灾难性后果。）

在上述案例中，蒂法尼错误地认为她是在果断行事，而事实上她只是在冲动行事。二者之间的区别在于决策过程中投入的思考和研究。一个人很容易被自己或他人的热情冲昏头脑，但是当涉及人生中的重大决定时，在全心全意地投入行动之前花一些时间和精力去做一番研究还是值得的。

○ 坚定果敢的行动

首先，你必须弄清楚问题究竟出在哪里。有时，当人们感到不快乐时，他们无法**找到真正的原因**，然后就采取了无法解决问题的行动，因为他们觉得问题本身就是错误的。蒂法尼知道自己不快乐，但是造成她不快乐的原因可能是她的工作、公寓、公寓所在地区、她的爱人中的任何一个。她没有仔细分析自己在生活中真正想要什么，只是抓住了这样一个想法，即搬到农村可以解决她的问题。如果你要做出一个重大决定，你必须明确它究竟是什么，并把它写下来。

其次，弄清楚对你来说**真正重要的事情**。有时，人们会根据自认为应该做的事情或者自认为会给他人留下深刻印象的事情来做出决定。如果你喜欢活跃的社交生活、购物、外出就餐，或与家人见面，那么迁居到农村的某个地方似乎是很愚蠢的（但很多人还是这么做了，并为此而后悔了）。有一个好办法就是，列一份清单，写下你真正喜欢做的十件事。想一想，你觉得这份清单与你的决定是否吻合？

如果这是一个会影响到其他人的决定，那么就要确保你的决定是一个共同决定。如果说蒂法尼的美梦破灭了，那么保罗和她同样应该受到责备，因为他被动地附和了她。**在一段伴侣关系中，要确保所有重大决策都是共同做出的**，而不管它最初是谁的主意。

要灵活机变，考虑各种选项。要进行大量调查，四处咨询，收集信息。比如，如果你考虑搬家的话，就要在不同时间段造访某个地方。总是存在着比显而易见的选项更多的选项，但你必须保持开放的心态，认真考虑它们。（然而，你也有可能过于谨慎了。你可能会去咨询所有人，阅读有关该选项的所有内容，并且不断地改变主意，直到你对自己失去所有仅存的信心，最终什么也没做。）

当你在**考虑一个会改变人生的决定**时，试着说出以下这些句子，"这是我真正想要的东西""对这件事情我已经考虑了很久""我确实能想象出结果会是什么样子""我已经做了很多研究""我在做决定之前已经征求过他人意见了"。如果你能真心诚意地重复上述句子，这就说明你已经为即将发生的变化做好了充分准备。

最后，做出你的决定，就算犯错也没关系。没有人是完美的，人们正是在犯错中提升自己的。

○ 谨记

不要把果断与冲动的倾向混为一谈。如果你的决定是一个共同决定，那么就要确保你们双方都赞成这个决定。

无视问题并不能让问题自动消失

很少有人知道下一步要做什么，人们没有计划地过着勉强糊口的日子，而且总是束手无策。

——拉尔夫·沃尔多·爱默生

丹尼在经济上出了问题：他有很多信用卡债务，数额每个月都在加速上升。而且，他正在拖欠抵押贷款，并开始向朋友借少量的钱。他处理问题的方式就是不去想这个问题，同时不告诉任何人，也没采取任何措施。当他的朋友汤姆提到他没有为自己的消费付款时，丹尼害怕告诉汤姆真实原因，因为他感到羞愧。他继续和朋友外出，但他经常表现出脾气暴躁或情绪低落。

他开始感到身体不舒服，开始一连数日请假不上班。如果他不解决自己的问题，就有失业的危险。

丹尼可能真的病了，因为压力大的人往往无法通过良好的饮食和锻炼来照顾自己。在一些人的生活中，无法做出决定可能是一个重要的压力来源。你可能已经意识到，你对生活中大多数事情的默认反应都是被动的。做决定对你来说似乎不是问题，因为你只是避免做出决定。

这种态度的麻烦之处在于，许多问题只有当你做点儿什么时才能够解决。但仅仅决定做点儿什么是不够的，你必须制订计划并确保你能执行。人们之所以会在健身房浪费这么多钱，一个原因就是，他们决定要健身，于是在健身俱乐部支付了一年的会员费，去了几次，但是他们随后就任凭这个决定消失了。事实上，他们根本没有真的做出决定，而只是把钱交给健身房而已。

○ 坚定果敢的行动

丹尼需要制订一个**行动计划**。第一步是弄清楚他是如何陷入债务中的。他可以画一张支出表，详细说明他的所有账单和支出。人们通常不愿意这样做，因为他们不想面对自己的超支情况。一旦将其与收入进行比较，下一步就是研究哪些开支可以进行削减。如果你的财务状况已经失控了，那么咨询一下债务顾问可能会很有帮助。

尽管人们通常不愿意谈论金钱问题，但**向朋友们倾诉一下有时是最好的做法**，否则你可能会发现自己正在失去他们。丹尼的朋友汤姆对丹尼显而易见的吝啬表现感到恼火，不知道他为什么会这样。汤姆可能帮不上忙，但仅仅是谈论一下这个问题就可能激励丹尼变得更加果断。

在看清局势并听取建议后，丹尼会有**多种选择**。对大多数人而言，财务问题要么通过少花钱，要么通过多挣钱（有时二者兼而有之）来解决，比如丹尼发现他可以加班。他的债务顾问建议他致函信用卡公司和抵押贷款供应商，解释目前的情况，并同意进行小额固定还款。他还削减了自己的信用卡数量（保留一大堆信用卡会产生太大的诱惑），并对自己先前的饮酒、社交和购物习惯加以控制。

在向他人征求建议时，有一句警告：千万不要急切地抓住某一条信息或建议，给予其不成比例的重视。**有时候，你只会听进去与你希望听到的观点不谋而合的话**，然后你会认为其他任何东西都不重要。例如，如果有人建议说，你应该宣布自己破产。这似乎是一个很诱人的想法，于是你可能会飞快地放弃债务咨询的想法，并在未来五年里过得节衣缩食。

> **"千万不要急切地抓住某一条信息或建议，给予其不成比例的重视。"**

一旦你已经决定要解决自己的财务问题，接下来的重点就是确保你会**实施你决定要采取的所有措施**。列一份项目清单，并逐一勾选。如果你密切留意自己的支出，你可能就会发现自己的债务在逐月减少，让你感到格外有收获。别忘了**监控你所做决定的结果**，因为如果你不进行自我监督，就很容易故态复萌。

○ 谨记

无法做出决定通常意味着我们无法掌控自己的生活。当我们放任事态恶化而不予处理时，情况通常会变得更糟糕。如果他人对我们的问题一无所知，那么就没有人能够提供帮助。

赢得彩票抽奖

我们在一所地方社区中心向一群女性传授坚定果敢的方法时发现，班上 12 名女性中有 10 人每周会花 5 英镑购买彩票或刮刮卡，尽管她们中的大多数人都有财务问题。她们都说自己并没有真正考虑过这件事，即每周决定要花多少钱在购买彩票或刮刮卡上。而且她们中没有任何人中过多于 10 英镑的奖。

我们指出，如果她们集中资源，那么到这一年的年底，她们将有 2500 次机会赢得一些东西。于是她们决定成立一个联合会，每个人每周投入 5 英镑，这样她们每个月就能购买 200 英镑的有奖债券了。

我们很希望能告诉你她们赢了一大笔钱，但事实上，到了年底，她们每个人至少都有了 250 英镑有奖债券的储蓄。她们都说，拥有储蓄而不是债务让她们感到更有信心了。对于她们中的一些人而言，做出这个小小的决定是她们人生中的一个转折点。

运用你的头脑和心灵

> 你无法选择如何死，或几时死。你只能决定你打算如何活……就是现在。
>
> ——琼·贝兹

戴维意识到他的母亲格洛丽亚正变得越来越健忘。她独自生活，几乎没有朋友。自从丈夫去世后，她开始依赖戴维，因为戴维不仅单身，而且离她住的地方比她另外两个孩子近多了。戴维开始了一段新恋情，但是他觉得母亲的健康和福祉是他的主要责任。

最近，格洛丽亚开始在夜间穿着睡衣在街道上游荡。她的邻居打电话告诉戴维，她的饮食很不正常，他们很担心她。

人生中最重大的决定可以分为两类：一类是你决定对已经发生的事情做出何种反应（比如失去工作、有人去世、意外的收获等），另一类是你积极主动地决定做某件事情来改善你的生活（比如决定生育孩子、搬家、结束一段恋情等）。在这两种情况下，你可能都需要将直觉与逻辑思考结合起来。这并不是人们常说的，要在听从"头脑或心灵"的召唤中二选一的问题，好的决定往往是二者兼顾。

应该如何对待自己深爱的、年老体弱的父母，这一问题正变得越来越普遍。戴维意识到他的母亲已经无法再独自生活了，但他现在非常纠结。一方面他凭直觉认为母亲与他生活在一起会更快乐，但另一方面他又认为符合逻辑的解决方案是送她去养老院。他知道自己不能继续忽视这个问题，因为他已经在为此而失眠了，而且他的母亲也开始对她本人和其他人构成威胁了。

○ 坚定果敢的行动

在进行所有重大决策时，第一步都是**充分了解问题的本质**。在医生的建议下，戴维带格洛丽亚去了一家记忆力诊所，医生告诉他格洛丽亚患上了痴呆。他被告知这种疾病无法治愈，而且，事实上，她的情况将会恶化。

接下来，你必须**决定什么才是真正重要的**。戴维希望母亲快乐，并且认为，如果能够获得帮助，他就可以照顾她，但他知道这将以牺牲他的事业和社交生活为代价。如果他把她安置在养老院里，他能够心安理得吗？他和兄弟姐妹们讨论了这件事，他们很高兴戴维愿意把母亲接到他家里，因为这样他们就不必卖掉格洛丽亚的房子来支付养老院的费用了。

下一步是**考虑各种选项**。戴维联系了各种组织（包括私立的和公立的保健组织），以了解当母亲真的搬来和他住时，他可以得到什么帮助。他还访问了各种养老机构，了解它们的实际状况及收费情况。他发现自己不必卖掉母亲的房子，而可以选择把房子租出去，租金加上母亲的养老金几乎能覆盖这笔费用。如果他选择当地政府办的养老机构，那么机构方可以等到格洛丽亚去世时再累积计算费用，并从出售她的房子的收益中提取所欠款项。

当你已经进行过充分调查并考虑过所有可能的选项后，接下来就该**权衡利弊**了。你可以做一份两栏表，或者给每个选项（任何会让你认真考虑一番的选项）评估星级。考虑每一种行动可能带来的后果，但是不要掉进只往最坏处想的陷阱，记得考虑积极的结果。

进行严肃的决策需要**投入时间、深思熟虑**。如果在做决定之前有什么办法可以先试行一下，一定要抓住这个机会。戴维让他的母亲先跟他住两个星期，而他选择的养老机构也允许她在那里试住两周。到试住期结束时，戴维能够看出，母亲在养老机构过得更快乐、更安全。他的兄弟姐妹们很高兴他们的遗产不会受到影响，但戴维只是很高兴养老机构离他家很近，探视母亲很方便。

最后，**做出你的决定**，但是别忘了**监控结果**。戴维一直在仔细检查母亲的身心健康状况，并且准备好，如果母亲看上去不开心，他就承认自己犯了个错误并改变决定。

○ 谨记

进行重大决策需要拿出勇气：敢于冒险，敢于行动，敢于面对后果。

"进行重大决策需要拿出勇气。"

摆脱对犯错误的焦虑感和恐惧感

你可能是对的，你也可能是错的——但不要只是逃避。

——凯瑟琳·赫本

莫伊拉认定，让罗伯搬过来和她住是一个错误。她竭力鼓励他分担家务活儿，但作为回应，他却越来越不爱待在家里。当他在家里时，他们总是会争吵，她觉得这会对她的孩子们产生不利影响。她注意到他经常用手机偷偷摸摸地打电话，她强烈怀疑他有外遇了。

莫伊拉无法决定如何处理这种情况。她知道，如果她与罗伯对质，罗伯就会离开，而她并不确定这是她想要的结果。她担心孩子们得再次面对一场剧变，而她也已经习惯了家里多一份收入，这使她的日子比她独力支撑时要好过许多。她越来越沮丧，但又害怕直言不讳可能带来的后果。

如果你觉得很难做出决定，原因之一可能是你已经习惯于遵从他人的意愿，以至于你不再知道自己想要什么。在你扮演伙伴、朋友、父母、员工等不同角色的过程中，你可能已经养成习惯，压抑自己想做某事的想法，以便让大家都感到满意。因此，坚定果敢是做决策的关键要素。

人们之所以会犹豫不决，另一个原因是他们害怕做出错误的决定。这种恐惧会击垮你。人们多爱信奉这样的哲学，"船到桥头自然直"，或者，"我是命运的忠实信徒"。你会听到人们说，"让我们拭目以待"，或者，"车到山前必有路"。也就是说，采取听天由命的态度，而不是掌控自己的生活。

○ 坚定果敢的行动

如果你决定不对某种情况采取任何行动，这未尝不可。但前提是，它必须是深思熟虑后的决定，而不仅仅是出于害怕某个未知的替代方案。**记住，如果你不掌控你的生活，你的生活就会被他人掌控。**维持现状也**可以**是一个决定，前提是，它是你做出的决定。

在这个案例中，除了自己之外，莫伊拉还要考虑其他人。莫伊拉的本能反应是她不信任罗伯，觉得应该让他离开。然而，她也知道这样一来自己的经济状况会恶化，而她的儿子们已经习惯了买更多的衣服和玩电脑游戏。如果你把问题写下来，往往会更容易弄清楚问题的实质。**写下你的直觉性想法和实用性想法。**

接下来，**弄清楚什么才是真正重要的。**当莫伊拉这么做的时候，她意识到自己在罗伯出现之前成功地支撑下来了，而且她也能够再次支撑下去。儿子们不喜欢家里的氛围，而莫伊拉的举棋不定也影响到她自己的精神健康。她对于自己希望给予儿子们的完美家庭生活有一个固定不变的看法，这是导致她犹豫不决的原因。

下一步是**收集信息**。比起陷入争吵和指责来，现阶段的聪明做法是向"讲述"这样的组织求助。在这里，你将被鼓励用自由、诚实的方式谈话，并在一个安全的环境中讨论你的伴侣关系。前往英国公民咨询局（Citizens Advice Bureau）也是一种有用的开端，它可以向你提供财务方面的建议，并告诉你是否有资格享受任何福利。在你做出任何重大决定之前，通常最好先去征求专业建议。

> **"在你做出任何重大决定之前，通常最好先去征求专业建议。"**

莫伊拉曾向一位朋友倾诉过，但由于这位朋友最近刚离婚，所以她不能确定对方的建议是否公正。人们早就认识到，一个人的决定会受到朋友离婚、自己怀孕、住房改善、度假选择等因素的影响。如今，影响我们决策的不仅是家人和亲密朋友的行为，还有一大堆社交网络。尽管咨询他人是个好主意，但始终要记住，**他们有属于自己的议程表**。

在第一次去参加"讲述"组织的活动前，莫伊拉已经理清了自己的财务状况，因此她不再担心自己会无法独自支撑家庭。现在她关于自己与罗伯未来的决定是基于她自身感受的，而不基于对他的依赖。以这种方式处理个人问题可能很困难，但有时这是**防止自己原地打转**、一事无成的唯一方法。

一旦你仔细考虑过你的各种选项并认定了一个最好的，再给自己一点儿**时间去思考和反思**。在本案例中，这可能需要花上几个月时间你需要确保自己确实在思考，也不要放任事态恶化而不予处理。

○ 谨记

如果我们采取被动姿态，这并不意味着什么都不会发生。事实上，这只意味着会有其他人替我们做决定，或者让随机发生的事情迫使我们朝着自己可能不情愿的方向前进。

重要提示

每次你真正停下来正视恐惧的经历都会让你获得力量、勇气和信心……你必须去做你做不来的事情。

——埃莉诺·罗斯福

- 充分理解问题。澄清问题究竟出在哪里，并把它写下来。
- 弄清楚真正重要的事情。为不符合你真性情的东西而汲汲营营必然会带来不快乐。接受自己的责任，知道答案没有对错之分，也不存在完美的结果。

- 想出各种选项。如果你只有一个不可变通的目标，那你就是在给自己找不愉快。要懂得灵活机变，包括认真做调查研究，四处询问情况，收集信息（即使这些信息并不支持你所中意的行动方案）。

- 选择最好的选项。权衡利弊，比如列出清单或给出星级评分。不要忘记考虑每一种行动方案的积极结果。既要运用头脑，也要用心灵去感受。

- 贯彻自己的决策，但不要忘记制订具体的执行计划。记住，在这个阶段不要拖延。

- 监控结果，并检查结果如何。你必须公平地做出自己的决定，同时意识到承认自己犯了错误也并不可耻。如果你把整个人生看成是一次学习机会，那么就没有什么是真正的错误。

后　记

在 BBC 第二台（BBC Two）于 2009 年 10 月 26 日播出的一期节目中，埃文·戴维斯问沃伦·巴菲特（当时世界上第二富有的人，仅次于比尔·盖茨）是如何赚到这么多钱，同时又让员工们如此快乐而忠诚的。巴菲特说，在他 20 岁时，他很害怕做公开演讲，但有人向他推荐了戴尔·卡耐基的著作《如何赢得朋友及影响他人》（*How to Win Friends and Influence People*）。在读完那本书后，他决定有意识地将书中的建议付诸实践，正是这一决定改变了他的人生。

其实，通过阅读本书，你也等于是选择踏上了一段改变人生的旅程。给自己一点儿时间，耐心等待自己进步——要相信，任何形式的重大变化都不会在一夜之间发生。回过头去阅读你认为最容易付诸实践的章节，并尝试给自己一些小挑战。每当你克服恐惧，做出一件坚定果敢的事情时，下一次就会变得更容易。

阅读这本书可能不会让你成为世界上最富有的人，但可以用一种深刻而令人满意的方式改变你的生活。知道自己不惧怕为自己和他人挺身而出，知道自己勇于追求自己想要的东西和人生信仰，世上没有比这更好的感觉了。

坚定果敢意味着正确设定自己的优先事项，以及与他人进行谈判而不是争吵。这意味着不再为微不足道的事情担忧，也不再彻夜不眠地反复咀嚼该说却没说出口的话。坚定果敢意味着做真实的自己，知道自己是什么样的人及信仰什么。它能精简你的生活，使你能够专注于重要的事情。

　　你已经朝着更加坚定果敢的人生迈出了第一步。继续前进吧，我们保证，你永远都不会想回头的。祝你好运！

附录
坚定果敢的语言和快速的回应方式

有时，当你发现自己陷入困境时，一时很难想出坚定果敢的回应方式。以下是一些现成的回应和请求方式，在某些时候可能会派上用场：

- 我觉得这话令人反感。

- 我觉得你的行为不可接受。

- 说这么刻薄、残忍、伤人的话，简直太不像你了。

- 我很抱歉让你有这种感觉。

- 我明白你为什么会那么想。

- 我不明白，你能解释一下吗？

- 这是一个有趣的问题。

- 我不想回答。

- 我会记住的。

- 我们在哪里有分歧？

- 我不太理解你的意思。

- 我懂你的意思了。

- 不，对不起，我不能。

- 恐怕我不可能……

- 我很想帮忙，但不幸的是……

- 这对我来说行不通。

- 我想考虑一下。

- 我可以稍后再打给你吗？

- 我仔细考虑了一下，决定……

- 我需要你帮忙……我需要你……

- 你究竟是什么意思？

- 或许我们可以……

- 我不准备……

- 我理解你的意思，但我……

- 让我感到担心的是……

- 我注意到你……

- 你能举例说明吗？

- 我给你举个例子。

- 当……时，我会感到很生气、恼火。

- 我看得出你很生气……

- 说这话让我感到很焦虑，但是……

- 你可以说"不"，但我还是想知道是否可以……

- 你是对的，今后……

- 对此我们可以采取什么措施？

思考力丛书

学会提问（原书第12版·百万纪念珍藏版）

- 批判性思维入门经典，真正授人以渔的智慧之书
- 互联网时代，培养独立思考和去伪存真能力的底层逻辑
- 国际公认21世纪人才必备的核心素养，应对未来不确定性的基本能力

逻辑思维简易入门（原书第2版）

- 简明、易懂、有趣的逻辑思维入门读物
- 全面分析日常生活中常见的逻辑谬误

专注力：化繁为简的惊人力量（原书第2版）

- 分心时代重要而稀缺的能力
  就是跳出忙碌却茫然的生活
  专注地迈向实现价值的目标

学会据理力争：自信得体地表达主张，为自己争取更多

- 当我们身处充满压力焦虑、委屈自己、紧张的人际关系之中，
  甚至自己的合法权益受到蔑视和侵犯时，
  在"战和逃"之间，
  我们有一种更为积极和明智的选择——据理力争。

学会说不：成为一个坚定果敢的人（原书第2版）

- 说不不需要任何理由！
  坚定果敢拒绝他人的关键在于，
  以一种自信而直接的方式让别人知道你想要什么、不想要什么。

Think **different.**
Be different.

苏 · 哈德菲尔德 (Sue Hadfield) |作 者 简 介|

在综合性学校教了 20 年英语，并在学校里为学生、教职员工及家长开设关于坚定果敢的课程和研讨会。在过去的十多年里，她一直在萨塞克斯大学和社区组织向成年人授课，内容涉及坚定果敢、创造性写作、学习技能、职业和个人发展等。她认为坚定果敢是幸福、成功而充实的人生的一个重要组成部分。

吉尔 · 哈森 (Gill Hasson)

一直与拥有不同背景和处于不同境况下的人合作。她的主要动力源自她相信人们有能力积极地改变自己的思维方式——无论是关于生活、他人，还是关于自己。除了在布莱顿开设有关个人发展的成人教育课程之外，她还在萨塞克斯大学教授学习技能。吉尔向学龄前儿童、青年人、社会工作者以及家长提供儿童和青少年发展方面的培训。

汪幼枫 |译 者 简 介|

华东师范大学外语学院翻译系副教授。译有《清醒地活》《女孩，你已足够好》《女孩的压力世代》《学会如何学习》等作品。

特约策划：陈兴军   **design：奇文雲海 Chival IDEA**